SAMMLUNG GÖSCHEN BAND 248

Analytische Chemie

Von

Dr. Johannes Hoppe

Leiter des chem. Laboratoriums früher Dr. Bender
und Dr. Hobein, München

II

Gang der qualitativen Analyse

Fünfte, verbesserte Auflage

Walter de Gruyter & Co.

vormals G. J. Göschen sche Verlagshandlung · J. Guttentag, Verlagsbuchhandlung
Georg Reimer · Karl J. Trübner · Veit & Comp.

Berlin 1950

Archiv-Nr. 11 02 48
Druck: Schloß-Buchdruckerei, Braunschweig
Printed in Germany

Inhalt

Abkürzungen

~	=	analog
(! ?)	=	Hinweis auf schwer erklärbare Tatsachen
Klammern wie (I, 16)	=	vgl. Bd. I, Seite 16
aq	=	Wasser (ev. Kristall- od. Konstitutions-W.)
B.	=	Basis
ca.	=	ungefähr (circa)
diff.	=	verschieden von —, Unterschied
dil.	=	verdünnt (dilut.)
El.	=	Element
E. S.	=	Essigsäure
ev.	=	gegebenenfalls (eventuell)
except.	=	ausgenommen
F. F.	=	Faltenfilter
gtt	=	Tropfen (gutta)
hyp.	=	hypothetisch
konz.	=	konzentriert
Kpkt.	=	Koch- oder Siedepunkt
Lt.	=	Liter
l.	=	löslich
l. l.	=	leicht löslich
L.	=	Löslichkeit
Me.	=	Metall
M. W.	=	Massenwirkung
N.	=	Niederschlag
$\frac{n}{1}$, $\frac{n}{4}$ oder n-, n/4	=	normal, viertel normal
n. v. B. d. V.	=	nicht veröffentlichte Beobachtung des Verfassers
P. S.	=	Periodisches System
R.	=	Reaktion
S.	=	Säure
sicc.	=	trocken, wasserfrei
Sp. R.	=	Spannungs-Reihe
St.	=	Stoff
Sz.	=	Substanz
Thio.	=	Thiosulfat
unl.	=	unlöslich
Vbdg.	=	Verbindung
W.	=	Wertigkeit
Z. T.	=	Zimmertemperatur

Literatur-Hinweise

A. = Liebigs Annalen der Chemie
Analyt. = Zeitschrift für analytische Chemie
Angew. = Zeitschrift für angewandte Chemie
Anorg. = Zeitschrift für anorganische Chemie
B. = Berliner Berichte d. deutsch. chemischen Gesellschaft
Biltz = Wilh. Biltz, Ausführung qualitativer Analysen
Böttg. = W. Böttger, Qual. Analyse v. Standpunkt der Ionenlehre 1913
C. = Chemisches Centralblatt
Chem.Z. = Chemiker-Zeitung
Fres. = Fresenius, Anleitung zur qualitativen chemischen Analyse, 17. Auflage, 1919
Gutb. = A. Gutbier, Lehrbuch d. qual. Analyse 1921
Hofm. = Lehrbuch d. anorganischen Chemie von K. A. und U. R. Hofmann 1941
Kck. = Koninck-Meineke, Lehrbuch der qualit. u. quantit. Mineral-Analyse 1899
Ph. Z. = Pharmazeutische Zeitung
Rose = Handbuch der analytischen Chemie, Leipzig 1867
Werner = Neuere Anschauungen auf d. Gebiet d. anorg. Chemie 1913

Praktische Winke

1. Man bewahre die Analysen-Sz. in verschlossenen Röhrchen im Dunkeln auf (Verhütung von Veränderungen durch Licht und Labor.-Luft).

2. Wieviel nimmt man zur Analyse? — Nicht überflüssig viel, d. h. mehr als zur Erkennung [1]) der R'en gerade nötig, da Filtrieren und Auswaschen der N'e lang aufhält und sonst, um Zeit zu sparen, leicht ungenügend ausgewaschen wird (S. 13, Nr. 9).

Maßgebend wäre außer der verfügbaren Gesamtmenge, die nie ganz verbraucht werden soll, und der verschiedenen Empfindlichkeit[2]) der verschiedenen R'en, die Zahl und Konzentration der Bestandteile, die die Analyse allerdings ja erst feststellen soll. Wenn die Lösungen konzentriert gehalten werden, so genügt aber für Identifizierung eines Elementes und auch noch der meisten Salze der Bruchteil eines mg; für eine Legierung mit 5 Bestandteilen wären also 0,1 g reichlich, wenn von jedem gleich viel, und noch immer genug, wenn von einem nur 0,5 % (= 1/2 mg) vorhanden wären. Wo man die untere Grenze ziehen will, bis zu der man Bestandteile noch nachweisen will, ist natürlich willkürlich. Jedenfalls soll durch Schätzung der N.-Mengen (u. ev. Vergleichfällungen) angegeben werden können, was Haupt- und Nebenbestandteil[3]) und spurenweise Verunreinigung ist. Die Angabe der letzteren, die nur in besonderen Fällen[4]) Aufgabe der Analyse ist,

---

[1]) Der häufige Gebrauch kleiner Reagiergläser (bis 10 ccm Inhalt) an Stelle der meist gebrauchten, dreimal so großen erzieht zur Sparsamkeit mit Sz. und Reagenzien, und zu genauer Beobachtung (ev. mit Lupe; Reagenszusatz mit pipettenartig spitz ausgezogenen Tropfröhren). Vielfach, z. B. für Farb-R'en eignen sich Uhrgläser (auf weißem Papier als Untergrund) fast besser als Reagiergläser.

[2]) Steigerung der Empfindlichkeit bei Fällungs-R'en vgl. C. 1920, 4, 497.

[3]) Der Anteil der Kationen der späteren Gruppen im Analysengang wird oft unterschätzt, weil nicht das ganze Filtrat eines N's einschließlich Waschflüssigkeit zur folgenden Fällung verwandt wird. Stören kann auch die Überempfindlichkeit mancher R'en. Man könnte meinen, daß eine R. gar nicht empfindlich genug sein könne. Wenn sie aber mit Sz.-Spuren schon sehr stark eintritt, wird es unter Umständen unmöglich, noch eine der wachsenden Menge entsprechende Steigerung der Intensität zu erkennen, so daß man Gefahr läuft, Spuren von größeren Mengen nicht unterscheiden zu können: Die R. ist überempfindlich. (Beispiele: Flammenfärbung für Na, Neßler-R für NH_4, Rhodan-R. für Fe, Mo-R. für SiO_2 u. a.)

[4]) Z. B. Prüfung auf Si, C, P, S in Legierungen. — An den Analytiker stellt die Praxis nicht nur die Frage „Woraus besteht die Sz.?", sondern oft auch die speziellere „Enthält die Sz. ein bestimmtes X?" —

soll gleiche Sicherheit [1]) haben, wie die übrigen, und nicht als Deckmantel dienen für nicht ganz geglückte Nachweise. — Für den Gang der Kationenprüfung und für ev. Sodaabkochung zur Anionenprüfung (vgl. S. 61, B) genügt im allgemeinen je $^1/_4$—$^1/_2$ g. Für Vorprüfungen und Einzelprüfungen der Anionen-Analyse jeweilig winzige Mengen trockener Sz. (genügend feinkörnige, homogene Mischung vorausgesetzt) oder wenige Tropfen einer Lösung.

Die Forderung, daß eine qualitative Analyse von A bis Z nur in Reagiergläsern auszuführen sei [2]), geht vielleicht etwas weit, zeigt aber jedenfalls ein Ziel, dem bei der Arbeit nachzustreben lohnt.

3. Man stellt im Analysengang auf Kationen jede R. zuerst mit einer winzigen Probe an. Nur wenn sie eintritt, mit der ganzen Analysenlösung. Auf **Vollständigkeit der R.** ist im Filtrat jedesmal eigens zu prüfen durch erneuten Reagenszusatz oder, oft bequemer, durch Nachweis von Reagensüberschuß.

4. Beim **Ausbleiben einer R.** ist zur Kontrolle in einer Probe das, worauf vergeblich geprüft war, zuzusetzen. Nur so ist man sicher, ob die Versuchsbedingungen richtig waren. — N'e können ausbleiben durch Übersättigung. Gegenmittel: Kratzen der Wand

---

Gehalt und Reinheitprüfungen, z. B. Ag in Bleierz, J' neben sehr viel Cl', As Spuren in zahlreichen Reagenzien usf. Wenn die Menge, auf die es noch ankommt, wie häufig in solchen Fällen, sehr klein ist, so wird — n e b e n der gewöhnlichen Analyse, wenn auch diese auszuführen — eine entsprechend größere Einwaage in Arbeit genommen zur Auffindung der Spuren, oder man z w e i g t von der Hauptlösung — bei großer Einwaage — jeweilig etwa $^1/_{10}$ ab zur Prüfung auf die Hauptbestandteile. Dem eigentlichen Nachweise der „Spuren" läßt man oft „Anreicherungen" vorausgehen, prüft z. B. auf Br' und J' der Alkalien neben viel Cl' im Alkoholextrakt der Sz. Spezial-R'en z. B. auf As nach Marsh, oder Gutzeit kommen für solche Zwecke besonders in Betracht (vgl. Tabelle S. 54).

[1]) Beobachtet man eine undeutliche, für ein nachzuweisendes X zweifelhafte R., so empfiehlt sich als Kontroll-Versuch (unter genau gleichen Bedingungen anzustellen): Man löst die in der betr. Sz. bereits nachweislich enthaltenen Stoffe in H_2O, einmal mit, einmal ohne Zusatz einer Spur des fraglichen X., versetzt mit Reagens und vergleicht mit dem ersten Befund (Beispiel: Morinfärbung für Al). Spuren Al, Fe, Ca, Na, NH_4, SiO_2, Cl ohne Anwendung besonderer Feinmethoden nachzuweisen, ist unmöglich, da stets damit zu rechnen ist, daß solche aus den Geräten und Reagenzien und der Labor.-Luft in die Sz. gelangen (Glasbestandteile wie Al und Si in allen Laugen, besonders wenn sie nicht ganz frisch bereitet sind; Eisen in Schwefelammon usw.).

[2]) Vgl. Biltz, Ausführg. qual. Analys.

mit Glasstab (Täuschungsmöglichkeit durch abgekratzte Glasteilchen) oder Impfen der Lösung mit einer Spur der gesuchten Substanz. — Der N. kann ausbleiben, weil er im Überschuß des zu fällenden Salzes l. ist. Er tritt dann erst mit Reagensüberschuß auf z. B. bei „umgekehrtem Reagenszusatz", vgl. 5 (Beispiel: CN'-Nachweis in KCN mit $AgNO_3$).

5. **Der umgekehrte Reagenszusatz.**

Oft ist es zweckmäßiger, die Lösung der Sz. in Reagensüberschuß zu gießen, statt wie gewöhnlich umgekehrt. Diesen „umgekehrten Reagenszusatz" in ausgedehntestem Maße anzuwenden — entsprechend auch bei physikalischen Operationen (s. unten) —, kann nur empfohlen werden. Erstens erkennt man dabei Täuschungen durch Unreinigkeiten der Gefäße und Reagenslösungen, z. B. wenn beim Prüfen auf Chlorid die ins leere Glas gegossene Ag-Lösung schon trüb wird. Bei mangelnder Klarheit sind die Reagenslösungen zu filtrieren. — Man vermeidet dadurch auch Verunreinigung der Lösungen der Vorratsflaschen wie durch Schwefelwasserstoff beim Übergießen von Sulfiden mit S. aus der Vorratsflasche [1]). (Die Lösungen dürfen zur Vorsicht niemals in das Standgefäß zurückgegossen werden!) Es leuchtet weiter ein, daß es z. B. für die auf dem verschiedenen Verhalten von Al und Fe, oder Zn und Mn gegen NaOH-Überschuß beruhende Trennung vorteilhaft ist, es nicht erst zur Bildung von $Al(OH)_3$ oder $Zn(OH)_2$ kommen zu lassen (vgl. S 96), da ein N. einmal gebildet mehr Solvens zur Lösung braucht, als nötig ist, seine Fällung zu hindern [2]). Bewirken die ersten in Lauge fallenden Tropfen Salzlösung keinen N., so ist damit schon die Abwesenheit von Fe oder Mn bewiesen. Man ist dann nicht in Unsicherheit über die genügenden Überschuß darstellende, anzuwendende Laugenmenge. Ein weiteres Beispiel: Für 5 g Substanz seien 100 ccm eines Lösungsmittels nötig. Setzt man diesen 100 ccm zuerst 1 g Sz. hinzu, so hat dies anstatt der nötigen 20 g die fünffache Menge Lösungsmittel zur Verfügung und löst sich entsprechend schneller. Erst in dem Maße, wie man die letzten Anteile einträgt, erfolgt die Auflösung „schwerer", d. h. immer langsamer. Da die nötige Menge ja nun nicht vorher bekannt ist, so verfahre man in der S. 9 angegebenen Weise. Das Verfahren hilft Zeit und Lösungsmittel sparen und ist daher, außer für Auflösung der Ursubstanz, im Analysengang mit Vorteil überall da verwendbar,

---

1) Anstatt aus einem Reagensglase.

2) Alterungs-Erscheinung, vgl. Hofm. S. 745.

wo N. durch S. gelöst oder ausgezogen werden soll. — Dasselbe trifft zu für N'e, die in Flüssigkeiten verteilt und wieder gelöst werden sollen, z. B. wenn beim Neutralisieren einer sauren Lösung ein N. entstanden ist, der in möglichst wenig S. wieder gelöst werden soll. Auch hier ist es günstiger, wenn man allmählich in das saure konzentrierte Lösungsmittel gießt. Auf die andere Weise wird die Wirkung zugesetzter S. durch Verdünnung geschwächt. Sitzt die Hauptmenge N. von der Lösung einigermaßen gut ab, so wird man diese mitsamt etwa darin schwebenden Teilchen abgießen, den abgesessenen N. für sich in S. lösen, und jene Lösung wieder langsam hinzugeben, in dem Maße wie das Ganze klar wird. Würde man zur ganzen Masse (Flüssigkeit + N.) S. setzen, so wäre unter Umständen die zehnfache Menge nötig, um hinreichende Säurekonzentration zu erreichen, oder der N. wird überhaupt nicht in Lösung zu bringen sein, weil man bei der vorhandenen Menge Wasser die S. nicht stark genug machen kann. Nach diesen Regeln sollte man z. B. stets verfahren, um die Lösung für die Na-Azetat-Trennung oder die PO_4-Abscheidung als $FePO_4$ gut zu „neutralisieren" [1]) (vgl. S. 89), und in anderen Fällen, wo Reagens zuzusetzen ist, „solange sich der entstehende N. eben noch löst".

Man wird deswegen zweckmäßig auch eine aufzuschließende Sz. dem Überschuß des Schmelzmittels allmählich zusetzen. Mischt man die trockenen Pulver vorher, so entsteht viel schneller gleichmäßige Mischung, wenn man dem in geringer Menge vorhandenen allmählich den Überschuß des anderen, in kleinen Anteilen, unter Verreiben zusetzt. —

Der immer erforderliche Reagens-Überschuß ist bei umgekehrtem Reagens-Zusatz gleich von Anfang gegeben. Man fängt also mit den günstigsten Bedingungen an zur Erkennung, ob und wie die R. erfolgt.

Lösungen dampft man zweckmäßig ein in Schalen, deren Größe der erwarteten Menge Rückstand, nicht der der Flüssigkeit entspricht. Zuerst nur einen kleinen Teil. Auf den Trockenrückstand gießt man eine neue Menge usw. — Auch das Zerstören organischer Sz. bewirkt man nicht durch allmählichen Zusatz von H_2SO_4 zur ganzen Substanzmenge, sondern umgekehrt. Auch wenn größere Mengen N. zu glühen sind (z. B. alkali- und NH_4-Salzhaltige), tut man dies vorteilhaft in kleinen Teilmengen.

---

[1]) Richtiger „Entsäuern".

Will man eine größere, vielleicht 150 ccm betragende Menge Lösung zum Kochen erhitzen [1]) (z. B. bei der Na-Azetat-Trennung), so nehme man dies zuerst mit höchstens 5 ccm vor [2]). Der Kochpunkt wird schnell erreicht, und wenn der gewünschte N. entsteht und klar filtriert, nimmt man eine zweite Portion in Arbeit. Will man umgekehrt eine Lösung abkühlen, so unterkühlt man einen kleinen Teil stark und gibt den Rest unter weiterer Kühlung allmählich zu, so daß immer viel kalte mit wenig warmer Flüssigkeit zusammenkommt. — Der Hauptvorteil des Verfahrens ist, daß, wenn die geplante Veränderung an dem kleinen Teile nicht wie gewünscht ausfällt, immer noch Zeit für Gegenmaßregeln ist. Bei R'en mit starken Nebenerscheinungen (Wärmeabgabe oder Gasentwicklung) ist es leichter, die Herrschaft über die R. in der Hand zu behalten, wenn man wie angegeben verfährt, so daß nicht zu starke Erhitzung, zu starkes Aufbrausen usw. eintreten kann. — Während man die an der Probe versuchte Veränderung (z. B. Niederschlagbildung) mit der Hauptmenge ausführt, kann gleichzeitig die Probe filtriert und der nächsten Veränderung unterworfen werden, so daß man mit der Probe immer einen Schritt weiter ist als mit der Hauptmenge.

6. **Allzustarke Reagensüberschüsse** sind tunlichst zu **meiden**. Es ist sehr verkehrt zu meinen, auch große Überschüsse saurer oder alkalischer Reagenzien könne man ja jederzeit ohne Nachteil durch Neutralisieren entfernen. Insbesondere darf die langsame Löslichkeit gewisser Stoffe (z. B. Abrauch-Rückstände mit konz. H_2SO_4) nicht dazu verleiten, mit ungeheuren Mengen konz.

---

[1]) Auf gewöhnlichem Drahtnetz, nicht solchen mit Asbest-Einlage, die vielmehr dazu dienen, Flüssigkeiten längere Zeit auf mäßig hohe Temp. zu erhitzen. Der Brenner stehe auf der eisernen Grundplatte eines Stativs, nicht unter einfachem Dreifuß auf der hölzernen Tischplatte, die sonst durch strahlende Wärme beschädigt wird.

[2]) Angenommen, man erhitzte alles auf einmal und muß nach Verlauf mehrerer Minuten, die die Erreichung des Siedepunktes erfordert, erkennen, daß der gewünschte N. nicht eintritt, die Lösung also für die Hydrolyse nicht genügend vorbereitet, z. B. noch zu sauer war, dann muß für die nötige Entsäuerung die ganze Lösung zuvor wieder auf Zimmertemperatur abgekühlt werden, was längere Zeit beansprucht. Diese ganze Zeit ist unnütz vergeudet, da man denselben Zweck in vielleicht 1 Minute erreichen kann, wenn man erst eine kleine Probe erhitzt. — Aber auch wenn sich dabei ein richtiger, heiß gut filtrierbarer N. abscheidet, könnte man von den 150 ccm doch nur einen kleinen Teil aufs Filter bringen, der Rest müßte währenddessen, nur um heiß zu bleiben, weiter erhitzt werden, wobei er zudem oft noch an Filtrierbarkeit einbüßt und schleimig wird.

Säure zu erhitzen und Gestank zu verbreiten. Man verwende umgekehrten Reagenszusatz und überlasse die Lösung der Zeit bei nicht ganz erreichter Siedetemperatur. Die Analysenlösung soll mit möglichst wenig Fremdstoffen, Ammonsalze nicht ausgenommen, beschwert werden. Denn einmal sind viele N'e in Neutralsalzen, z. B. solchen des Ammons, leichter löslich als in Wasser, weiter können aus Glasgefäßen stammende Verunreinigungen der Reagenzien, bei Verwendung von viel Reagens, sich unliebsam anhäufen. — Vor allem spare man mit konzentrierten S'en. Bei Zerstören der organischen Sz., Fluoridaufschließung der Silikate, Abscheidung von Pb mit H_2SO_4 u. ä. pflegen Anfänger ungeheure Überschüsse konzentrierter Säure zu nehmen. Für die üblich angewandte Substanzmenge pflegen 10 bis höchstens 20 Tropfen zu genügen. — Reagensüberschuß kann rückgängig gemacht werden:

a) durch Eindampfen [1]), wenn das zugesetzte Reagens flüchtig ist (z. B. Säureüberschuß; HCl erst von 20 % Gehalt an aufwärts flüchtig; vgl. S. 94, Akg. 6);

b) durch **Neutralisieren** von S. mit Ammoniak [2]) oder (wenn nicht noch auf Alkalien zu prüfen ist) mit Soda. Am besten so: Teilen der sauren Flüssigkeit in zwei Teile $^3/_4 + {}^1/_4$; Überneutralisieren des ersten mit der Basis (vgl. 7) und Rückneutralisieren des Alkaliüberschusses durch Eingießen in das zurückbehaltene saure Viertel; dieselbe Methode ist oft anwendbar, z. B. bei der Entfärbung der blauen Cu-KCN-Lösung (S. 80);

c) durch Ausfällen (z. B. Bariumüberschuß mit H_2SO_4 oder Ammonkarbonat).

7. **Zu starke Verdünnung.** Bisweilen sind, namentlich wenn es gegen die Einzelreaktionen zu geht, die Lösungen so verdünnt worden, daß die R'en sehr geschwächt werden oder überhaupt ausbleiben. Man kann dem vorbeugen durch Verwendung fester Substanz statt der Lösungen; z. B. beim „Essigsauermachen" mit festem Natriumazetat [3]). Mit festen Salzen zu fällen, ist aber im allgemeinen nicht ratsam [4]). — Außer der Verhinderung zu starker

---

1) Das Eindampfen geschehe in der bei der Trennung der Alkalien von NH_4 beschriebenen Weise (vgl. S. 116). Eindampfen im Reagensglase ist sehr wenig praktisch.

2) Die Probe mit Lakmuspapier darf nicht unterlassen werden. ➡ Der Geruch nach NH_3 ist nicht, wie häufig angegeben, maßgebend, da der über einer noch sauren Flüssigeit stehende Gasraum NH_3-Dampf enthalten kann.

3) bis Fuchsinpapier nicht mehr entfärbt wird.

4) In zweifelhaften Fällen versäume man nicht zu prüfen, ob das zugesetzte feste Salz klar in Wasser löslich ist.

Verdünnung der Lösungen dient richtige Verwendung von Reagens in fester Form auch zur Verhinderung unnötiger Überschüsse: Zur Neutralisation des $^3/_4$ Teils einer sauren Flüssigkeit (vgl. 6) gibt man einen großen Sodakristall hinein. Sobald beim Umschwenken entstehende Flocken sich eben nicht mehr lösen, gießt man schnell in ein bereitgehaltenes Gefäß ab und nimmt den N. weg mit dem zurückbehaltenen noch sauren Viertel. Ebenso verfährt man bei Zusatz von KCN zur Cu-Cd- und zur Co-Ni-Lösung (S. 80 und 101).

8. Das **Filtrieren** soll, wo nicht anders bemerkt, kochendheiß geschehen [1]). Der Besitz gut filtrierender Trichter ist von größter Bedeutung, um so mehr, als die Trichter des Handels leider zum großen Teil schlecht sind. Man verwendet, wo es auf den N. ankommt, glatte, wo nur auf das Filtrat, die schneller filtrierenden Faltenfilter [2]). Die Größe des glatten Filters ist zu bemessen nach der Menge des N's, nicht nach der der Flüssigkeit; es soll nur zu $^2/_3$ mit N. erfüllt sein [3]); man sucht möglichst viel N. auf kleinem Raum zu haben, denn viel Papier hält viel Salze des Filtrats zurück, die ausgewaschen werden müssen. Auch das Loslösen des N's vom Papier wird erschwert. Zur Erkennung sehr kleiner Mengen heller N'e gibt es schwarze Filter im Handel. Das Filter soll so anliegen, daß das untere Trichterrohr beim vorbereitenden Anfeuchten mit Wasser ganz erfüllt und frei von Luftblasen ist. Peinliche Sorgfalt dabei macht sich durch schnelles Filtrieren reichlich bezahlt. Geht die Flüssigkeit trüb durchs Filter (auch durch ein doppeltes), so ist entweder das Kristallkorn zu klein, oder der N. ist amorph, kolloidal und schleimig (Sulfide, Hydroxyde usw.); Gegenmittel: Längeres kräftiges Erhitzen unter Ergänzung verdampfenden Wassers, ev. unter Zusatz indifferenter Salze (z. B. NH_4NO_3; frisches Filter mit dessen Lösung gleich durchfeuchten) oder wenn nichts hilft, von Papierbrei („Pülpe") [4]). Man kann auch versuchen den N. wieder zu lösen und unter veränderten Bedingungen (Aziditätsstufe z. B.) wieder zu fällen. — Erst wenn an kleinen Mengen ausgeprobt, wie N. und Flüssigkeit

[1]) Minderung der Viskosität, dichtere Beschaffenheit der N'e, daher schnelleres Filtrieren.

[2]) Die Stellen in der Analyse, wo Anwendung eines Faltenfilters am Platz ist, sind durch (F. F.) bezeichnet.

[3]) Fast allgemein pflegen Anfänger Filter und Trichter zu groß zu wählen. Die üblichen Trichtergrößen (20 ccm Inhalt etwa) sind schon für N'e bei Gruppentrennungen reichlich groß, noch viel mehr für die bei Identitäts-R'en.

[4]) Nicht Papierstückchen, wie man häufig sieht.

sich gut trennen, behandle man die Hauptmenge ebenso, lasse völlig absitzen [1]), gieße die Hauptmenge der Lösung vorsichtig durch ein F. F. und erst dann den N. mit der wenigen übrigen Flüssigkeit aufs glatte Filter. — In keinem Falle benutze man eine Saugpumpe, deren Anwendung nur die Verstopfung der Papierporen befördert. Gute Dienste dagegen leistet ein schleifenförmig gebogenes langes Glasrohr, welches durch Gummischlauch mit dem Trichter verbunden oder besser angeschmolzen wird.

9. **Das Auswaschen** geschehe mit möglichst wenig Flüssigkeit vom Trichterrande aus und unter möglichstem Abtropfenlassen der aufgegossenen, an den zu entfernenden Stoffen konzentrierten Flüssigkeit [2]) (Wasserstrahl nicht senkrecht auf die Papierfläche, sondern nahezu parallel mit ihr; häufiges Hineinblasen; viele wieder aussetzende kurze Strahlen) [3]). Hat man Überfluß an N., so kann man alles in ein Becherglas spritzen, bis oben mit H_2O anfüllen, absitzen lassen und „dekantieren", wodurch der Zweck des Auswaschens viel schneller erreicht wird. Da hierbei natürlich zum Schluß reichlich Waschwasser im N. zurückbleibt, so verwendet man dann die zur Lösung nötige S. vorsichtig in konzentrierter Form. Man müßte auswaschen, bis sicher die letzten Spuren gelöster Substanz entfernt sind. Praktisch wäscht man bis eben zum Verschwinden der Lakmus-R. Zweck des Auswaschens ist, alle löslichen Stoffe (in der Regel Elektrolyte aus

[1]) In jedem Falle (besonders bei der Schwefelammonfällung) beginne man mit Filtrieren erst, nachdem der Niederschlag sich möglichst vollständig von der Flüssigkeit getrennt hat. Vorsichtig abgegossen („dekantiert") läuft diese dann schnell durchs Filter. — Eine einfache Vorrichtung, N'e in schräg liegenden Gefäßen gut absitzen zu lassen, ist ein mit Rillen versehenes Hartholz-Brett (etwa 15 cm □) in das Reihen von Löchern gebohrt sind, in die sehr genau passend Holzstäbe verschiedener Länge (5 mm dick) eingesetzt werden können. Zwei Stäbe genügen für Becher, Kolben und Reagiergläser. Mit dreien können auch Schalen in jeder beliebigen Lage festgehalten werden. Noch einfacher ist ein in Form eines Garnwickels geschnittenes Blech, das man mit Hilfe eines durch ein zentrales Loch gesteckten Stabes (Bleistift) als schrägliegende Stütze des Glases aufstellt.

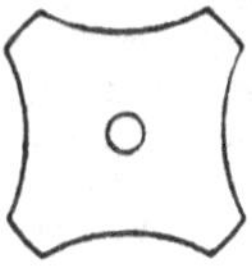

[2]) Die Waschwässer werden in der qualitativen Analyse weggegossen, allerdings mit dem Erfolg, daß die Mengen der gegen Ende des Analysenganges auftretenden N'e kein vergleichweise richtiges Bild geben. (Vgl. S. 6, Akg. 3.)

[3]) Außer der großen dickwandigen Spritzflasche (die nicht erhitzt werden darf) halte man vorrätig eine kleine dünnwandige zu 100 ccm mit sehr feinem kapillarem Spritzrohr.

dem N. zu entfernen. Wäscht man unnötigerweise noch länger aus, so gehen manche N'e kolloidal durchs Filter, z. B. AgCl.

10. **Lösen und Ausziehen** fester Substanzen (Niederschläge). Hauptsache: Sparen mit Lösungsmittel (vgl. S. 9, 6).

a) Zur Lösung auf dem Filter befindlicher N'e kann man heißes Lösungsmittel aus einem Reagensglas aufgießen, in einem zweiten auffangen, aufs Filter zurückgießen, wieder im ersten auffangen usw.

b) Man durchstößt das Filter und spült den N. mit dem Lösungsmittel (sparsam!) in Reagensglas oder Schale.

c) Bei reichlich vorhandenem N. bringt man die Hauptmenge mit Glasstab oder Porzellanlöffel oder -spatel vorher in überschüssiges Lösungsmittel. Ist der N. hinreichend trocken, kann man auch das herausgenommene Filter entfalten und den kegelförmigen Klumpen in die Löseschale fallen lassen.

d) **„Abklatschmethode".** Man preßt das entfaltete Filter mit der Kuppe eines breiten Reagensglases auf den Boden einer Schale gleichmäßig an, saugt durch Betupfen mit Filtrierpapierschnitzeln Wasser heraus und kann dann vorsichtig das Papier abziehen, während der N. am Porzellan haftet. (Ähnlich wie bei „Abziehbildern".)

e) Sehr praktisch sind Trichter mit angeschmolzenem Glashahn. In Ermangelung ihrer, Verstopfen des Trichterrohres mit sog. Glasstabverschlüssen.

Beweis der Vollständigkeit der Extraktion: eine neue Menge aufgegossenen Lösungsmittels nimmt nichts mehr auf. (Probe!)

11. Bei Aufnahme von **Silikatschmelzen** mit HCl, auch vom Abdampfrückstand der Legierungen mit HNO_3, bilden sich leicht an der Oberfläche ausgelaugte schleimige Schichten, die den unangegriffenen Kern vor weiterer Einwirkung schützen. Man versäume nicht, dies durch Zerdrücken zu verhüten.

Zur Aufweichung von Schmelzen hängt man den Tiegel umgekehrt über das kleine Schenkelende eines heberförmig gebogenen Glasrohres und stellt das Ganze ruhig in ein enges Becherglas mit Lösungsmittel. Die gebildete schwere Lösung sinkt zu Boden, und die feste Sz. bleibt immer mit leerem Solvens in Berührung. — Löst sich die trockene Schmelze leicht — bei vorsichtigem schwachen Drücken der Wandung — aus dem Pt-Tiegel, so zerkleinert man sie im Mörser und behandelt wie üblich. Leichte Loslösung fördert man durch „Abschrecken" des heißen Tiegels. Man taucht plötzlich in kaltes Wasser und bewegt darin hin und her (NB. zu enge Glasgefäße können dabei explosionsartig zerrissen werden), oder man stellt auf eine kalte dicke Metallplatte oder in ein Gefäß mit Eisenpulver. Man kann auch zum Schluß der Schmelzung mit dem Tiegel kreisende Bewegungen ausführen, wobei die Masse in dünner, leicht abblätternder Schicht an den Wandungen erstarrt.

12. Eine **zum Kochen zu erhitzende Flüssigkeit** siedet, sich selbst überlassen, in Gefäßen mit völlig glatter Wandung unregelmäßig unter Stoßen [1]) und Spritzen, besonders wenn sie feste Anteile enthält, die zu Boden sinken; man schwenkt sie darum oft um oder rührt mit einem Glasstab [2]); die hineingerührte Luft hindert das Entstehen eines Siedeverzuges.

13. **Ökonomische Einteilung** der Analysenarbeit. Die Zeit des Filtrierens und Auswaschens der N'e, die langwierigste Arbeit der Analyse, ist für andere Nebenarbeiten zu benutzen. Beim gleichzeitigen Erledigen mehrerer Arbeiten, namentlich aber, wenn die Arbeit mittendrin abgebrochen werden muß, ist es unbedingt nötig, den Inhalt der Gefäße durch Aufschrift zu bezeichnen (Papieretiketten oder Fettstift). Irrtümer sind auch bei dem geübtesten Analytiker nicht ausgeschlossen. Wenn Befunde auffallen, oder zwei sich nur im geringsten widersprechen, sind die R'en ungesäumt zu wiederholen [3]). Jeder Nachweis werde durch mehrere Methoden erbracht, mindestens durch zwei [4]).

14. Der Analytiker lasse zuerst nur die R'en sprechen, protokolliere diese während der Arbeit genau [nicht, oder doch nur mit einem Fragezeichen, die Deutung, die er der Beobachtung gibt [5])], er vermeide streng, sich gleich anfangs festzulegen auf

---

1) Kleine Becher können auf diese Weise geradezu vom Gestell herunterspringen. Sicherstes Gegenmittel: Erhitzen im H_2O-Bade. Ev. auch „Siedesteine", z. B. ein abgebrochenes Zündholzstück (natürlich ohne Kopf).

2) Man benutze nur dünnste Glasstäbe (oder enge Reagensröhren) zum Rühren. Der Gebrauch der üblichen dickeren Sorten führt nur zu häufigem Bruch der Bechergläser, besonders wenn diese dünnwandig, d. h. gut sind.

3) Auch mit unglücklichen Zufällen (Verwechslung der Reagenzien bei Gebrauch oder schon beim Füllen der Flaschen) ist zu rechnen!

4) Dies gilt, um Irrtümer auszuschließen, bei positivem wie bei negativem Befund. Bei positivem, denn ein N. kann etwas anderes sein, als was an der Stelle erwartet wird. Es soll daher nie unterlassen werden, die Identität der N'e nachzuprüfen, wo dies durch weitere Veränderung des N's leicht geschehen kann (Beispiel: $NH_4MgAsO_4 \rightarrow Ag_3AsO_4$, S. 76).

5) Dies gilt besonders für die Anionen-R'en. (Vgl. Beispiel für Protokoll und Deutung S. 158.) Auf Grund des jeweiligen Befundes suche man Antwort auf die Fragen: Welche Anionen sind a) sicher vorhanden, b) sicher nicht vorhanden, c) möglicherweise vorhanden. Die Mehrzahl der R'en wird Sicherheit nicht gleich für ein bestimmtes

eine bestimmte Deutung. Erst wenn mehrere einwandfrei beobachtet sind, oder der Grund des Ausbleibens festgestellt ist, darf der nunmehr sichere Schluß gezogen werden, daß irgendein X nachgewiesen ist. Es trete z. B. ein roter N. auf bei der H_2S-Fällung. Der Anfänger läßt sich häufig von dem voreiligen Schluß, daß Sb vorhanden sei, nicht abbringen, auch wenn der spätere Verlauf der Analyse nur eine sehr zweifelhafte Bestätigung dafür liefert.

15. Das Prinzip „Des Guten kann man nie zu viel tun", dem zu folgen Anfänger gern geneigt sind, ist für chemische Arbeit gefährlich. Selbst wenn es heißt „man setze einen starken Überschuß . . . zu", so bedeutet das doch nicht, daß man die Reagensmengen ad libitum vermehren könnte, oder daß die Wirkung gar proportional der zugesetzten Menge wäre. Es ist immer gedacht an Zusätze in „vernünftigen Grenzen". Ausdrücke wie „längere Zeit erhitzen" u. ä. tragen ihre Unbrauchbarkeit an der Stirn. Ganz vermeiden lassen sie sich immerhin schwer. Es muß manches dem chemischen Taktgefühl überlassen bleiben.

16. Die Analyse soll kein systemloses Herumprobieren sein. Andererseits ist die Idee, sie zu einem festen Schema zu gestalten, dessen schablonenmäßige Anwendung zwangsläufig erschöpfend richtige Resultate verbürge, ein wenn auch vielleicht nicht völlig unerreichbares, so doch bisher unerreichtes, und vielleicht insofern nicht einmal wünschenswertes Ziel, als man offenen Auges das jeweilig Zweckmäßigste zu erkennen lernen und dabei wohl auch vor einem Herumprobieren nicht zurückschrecken soll. — Das hindert natürlich nicht, daß ein Buch versuchen muß, nach Möglichkeit dem Zustand jener Zwangsläufigkeit nahe zu kommen. Ganz erreicht werden wird er nie. Analysensubstanzen lassen sich immer so zusammenmischen, daß die beste Analysenvorschrift irgendwo versagt, wenn der Ausführende nur mechanisch dem Buch folgt, ohne genau zu beobachten und selbständig zu denken.

Aufgaben, die an die Analyse der „Trümmer eines explodierten Drogengeschäfts" [1]) erinnern, kommen in praxi gewiß überaus selten vor. Es ist trotzdem erforderlich, daß eine Anleitung zur Analyse den Schüler auch auf die Erkennung heterogenster

---

Anion erbringen, sondern dafür, daß Vertreter einer Gruppe vorhanden sind. Anwesenheit störender Stoffe (S. 83) kann die Sicherheit von b in Frage stellen. Sonst ist aber die Bedeutung negativer Befunde besonders groß, weil sie ganze Gruppen mit einem Schlage ausschalten.

[1]) Biltz, Ausführung qualit. Analysen.

Mischungen, wie sie im Unterricht bisweilen als Aufgabe gestellt werden, vorzubereiten trachtet.

17. Als **Reaktionsgefäße** finden Verwendung: Reagensgläser, Bechergläser, Kochflaschen (Kölbchen), Erlenmeyerkolben [1]), Porzellanschalen (und Tiegel), Platingefäße.

Eine besonders praktische Form der „Erlenmeyer" ist die mit sehr weiter Öffnung (Philip-Becher), da sie die Vorteile des Becherglases (leichtes Ausspülen) vereinigt mit denen der gewöhnlichen Kölbchen. Kochen und Eindampfen bei möglichst großer Oberfläche [2]): weites Becherglas; Abdampfen zur Trockne: Porzellanschale mit möglichst flachem Boden. Absitzenlassen bei möglichst kleiner Oberfläche [Reagensglas oder hohes enges Becherglas, schräg zu legen [3]), da sich sonst der N. verschiebt und Teilchen in die Flüssigkeit gewirbelt werden, wenn man den Becher neigt, um abzugießen].

18. **Platingefäße:**

Das Metall verbindet sich mit den freien Halogenen, mit S, P, C, Si und mit vielen Metallen (besonders As, Sb, Sn, Pb, Bi, Hg, Ag). Es wird dabei entweder gelöst oder brüchig (Vorstufe: stumpfgraue Farbe) oder bildet leicht schmelzbare Legierungen, so daß Löcher entstehen. In der Glühhitze ist es durchlässig für Gase, z. B. das reduzierende, schwefelhaltige Leuchtgas. Man darf es darum nie anders als etwas oberhalb des inneren Kegels der Bunsenflamme [4]) erhitzen. Man meide seinen Gebrauch:

Überall wo freies Halogen entstehen kann (Aufnehmen von Chloriden in Salpeter-S., von Nitraten in Salz-S., Königswasser), Besonders dürfen stark alkalische Oxydationsschmelzen nicht im Pt-Tiegel vorgenommen und mit HCl aufgenommen werden.

Wenn langes Erhitzen kohlehaltiger Substanzen nötig ist. Das Platin wird sonst brüchig. Man erhitze nie mit rußender Flamme.

---

[1]) „Erlenmeyer" sind im allgemeinen widerstandsfähiger als Bechergläser. — Kochkölbchen für Schüttel-R'en ($BaCO_3$-Fällung).

[2]) Sehr beschleunigt durch schnellen Abzug der Dämpfe, während weitverbreitetem Irrtum entgegen eine Verstärkung der Heizflamme, unter einem Wasserbad, wenn das W. einmal zum Kochen gekommen ist, zwecklos ist und z. B. die Gefahr schnellen Leerdampfens und somit der Beschädigung der W.-Bäder vergrößert. — Erhitzen im Luftbad s. S. 112.

[3]) Vgl. S. 13, A. 1.

[4]) Bei Gebrauch der sog. Meker-Brenner ist eine Zerstörung durch Leuchtgas überhaupt ausgeschlossen.

Wenn Gelegenheit zu Legierungen gegeben ist. Man kann zwar Salze der obengenannten Schwermetalle, z. B. reines PbO, mit richtig gestellter Flamme ungefährdet im Platintiegel erhitzen, doch bedeutet dies wegen der möglichen Anwesenheit von Reduktionsmitteln (Staub, Leuchtgas) immer eine gewisse Gefahr. Alkalische Schmelzen As^3-haltiger Sz. machen das Metall schnell rissig ($As^3 \rightarrow As^5$ + As-Metall).

Wenn Phosphate und Silikate neben Reduktionsmitteln (Kohle, Papier u. a.) erhitzt werden.

Auch durch schmelzendes KOH wird das Metall angegriffen, merkbar, wenn KNO_3 zugegen.

Beim Schmelzen von Schwefelalkalien (Schwefel + Soda) und anderen Sulfiden findet Einwirkung statt, ebenso beim Glühen von KCN und anderen organischen Substanzen.

Will man sicher gehen, so versuche man im Zweifelsfalle die Schmelze erst mit dem billigeren Platinblech.

Man benützt zweckmäßig für
Soda- und KCN-Schmelzen Porzellantiegel,
Ätzkali-Schmelzen Ag- [1]), Ni-, Fe-Tiegel.
alle nicht alkalischen Schmelzen bei Abwesenheit von Fluor Quarz-Tiegel [2]),
Erhitzen Fluor-haltiger Sz. (ev. auch für Sodaschmelzen) Platintiegel. Man reinigt die Tiegel zuerst chemisch mit S., dann durch Ausschmelzen mit Borax (auch $KHSO_4$), schließlich mechanisch mit feinstem rundkörnigen Seesand und wenig Wasser.

19. Schlagwortartig seien noch einige Arbeitsregeln angedeutet:

Standflaschen sofort nach Gebrauch an ihren (bestimmten) Platz zurück.

Öfteres Abspülen derselben unter der Wasserleitung (besonders Natronlauge, konz. H_2SO_4, Eisenchlorid u. ä.).

Stopfen der Flaschen bei Gebrauch nie auf den Tisch, sondern in der Hand behalten. (Die Rechte hält die Flasche — Etikett stets den Augen zugekehrt. — Die Linke Stopfen und Reagierglas. Bei Linkshändigen umgekehrt.)

Entnahme fester Stoffe mit trockenem, sauberem Hornlöffel schmale in Reagiergläser passende Form), danach

---

[1]) Ag-Tiegel dürfen nicht im Gebläse erhitzt werden.

[2]) Gegen Temp.-Wechsel sehr widerstandsfähig, für alkalische Schmelzen natürlich nicht benutzbar, weil selbst dadurch aufgeschlossen.

inneren Flaschenhals und wiedereinzusetzenden Stopfen sauber und trocken wischen mit Papier.

Festgewachsene Stopfen mit Holzhammer lockern, ev. unter gleichzeitigem Erwärmen, nie durch Aufschlagen auf Tischkanten!

Mischen des flüssigen, besonders des heißen Inhalts von Gefäßen, dem Gase (ev. nur gelöster Dampf) entweichen können, durch Umgießen in ein anderes Gefäß, nicht durch Schütteln unter Verschluß mit dem Daumen! [1]).

Eine den Vorwurf der Pedanterie nicht scheuende Sucht nach Ordnung und Reinlichkeit herrsche im ganzen Arbeitsraum, auch in Schränken und Schubladen.

Ausführung der Analyse

Vorbemerkung: Das folgende gilt für den weitaus häufigsten Fall, daß die Analysen-Sz. fest ist. Bei Vorliegen einer Flüssigkeit oder einem Gemisch flüssig-fest verfährt man wie folgt: Ist die Analysensubstanz flüssig, so dampft man — zunächst nur eine kleine Probe —, bei mäßiger Temperatur ab. Dabei ist zu achten auf sofort, oder bei starkem Konzentrieren entweichende Gase, deren alkalische oder saure, oxydierende oder reduzierende Wirkung, Geruch, Farbe, Änderung der Farbe, Bildung von N'en, teilweise Unlöslichwerden im Wasser [durch chemische Umwandlung (z. B. Bicarbonat → Carbonat) oder durch Unlöslichkeit vortäuschende langsame Wiederlöslichkeit (z. B. $CaSO_4$)]. Vgl. S. 108, A. 1.

a) Es bleibt kein Rückstand: H-Vbdgn. (H_2O; H_2O_2; NH_3; HCl; H_2S) u. a. Gase (CO_2; SO_2; O_2; Cl_2; Br_2) gelöst in Wasser. Alle leicht unterscheidbar. Gelöster Sauerstoff auch durch die sofortige Bräunung von frisch gefälltem, weißem $Mn(OH)_2$.

b) Es bleibt eine sehr schwer flüchtige Flüssigkeit: Phosphorsäure, Schwefelsäure, organische Flüssigkeiten (Glycerin).

c) Bleibt ein fester Rückstand, so unterwirft man ihn den Vorprüfungen. Für die Hauptprüfung nimmt man die Urflüssigkeit, nach geeigneter Verdünnung, wenn sie zu konzentriert (ölig, laugenhaft), oder Konzentrierung, wenn sie zu verdünnt ist (Mineralwasser).

---

[1]) Unter dem entstehenden Überdruck läßt der Daumen gern los und mit den Gasen spritzt ev. saure oder ätzende Flüssigkeit in weitem Bogen in die Umgebung.

Liegt ein heterogenes, z. B. breiartiges Gemisch vor, so stellt man durch Filtration einen festen und einen flüssigen Anteil her. Auch deutlich heterogene trockene Gemische durch Auslese zu trennen und getrennt zu analysieren, kann vorteilhaft sein, besonders, wenn sie sich schwer gleichmäßig zerkleinern lassen, wie etwa Metalle und dazugehörige Schlacken.

Analyse von Gasen wird in diesem Buche nicht behandelt. — Die Analyse zerfällt in Vorprüfung, Prüfung auf Kationen, auf Anionen und ev. Nachprüfungen.

Vorprüfung

Feststellung der physikalischen Eigenschaften [1]), wie Farbe, Geruch, Geschmack, Beständigkeit an der Luft, Verhalten beim Glühen; Umwandlung der Substanz in den reaktionsfähigen, gelösten Zustand für den systematischen Analysengang. (Dabei ergibt sich von selbst eine Trennung von verschieden löslichen und flüchtigen Bestandteilen.) Feststellung der An- oder Abwesenheit einzelner Bestandteile unabhängig vom analytischen Gang durch allgemeine oder besondere Reagenzien.

Physikalische Eigenschaften

Prüfung mit bloßem Auge, Lupe oder Mikroskop. Einheitlichkeit der Substanz? [2]). Bei Farblosigkeit oft an verschiedener Lichtbrechung, Durchsichtigkeit, Kristallgestalt usw. kenntlich. Überflüssige Analysen-Sz. vgl. Vorbemerkg. S. 6:

Geruch: NH_4-Salze neben alkalischer Sz., NH_4-Carbonat, Hypochlorite, Cyanide [3]), lösliche Sulfide, Bisulfit u. a.

---

1) In der Praxis gewinnt man oft auch aus zuverlässigen Nachrichten über Herkommen, Bestimmung, Preis und dgl. einer unbekannten Substanz wichtige Anhaltspunkte. Kenntnis der üblichen Salze des Handels ist eine weitere Hilfe bei der Arbeit (Sb und tartrathaltige Sz. wird z. B. sehr wahrscheinlich auch K (d. h. Brechweinstein) enthalten.

2) Bei makroskopisch erkennbarer Inhomogenität kann man Einzelbestandteile „herausfischen" und analysieren. Im allgemeinen muß aber durch gutes Verreiben für eine gute Durchschnittsprobe gesorgt werden.

3) Alkalicyanide riechen infolge der durch Einwirkung von H_2O und CO_2 erfolgenden Bildung von Blausäure. Im Gemisch mit viel Ätzbase ist der Geruch fast nicht bemerkbar. — Liegt eine Flüssigkeit zur Analyse vor, so können auch in Betracht kommen die freien Säuren und Halogene (HCl mit stechendem, Cl und Br mit erstickendem Geruch), SO_2, NH_3 u. a.

Steigerung der Empfindlichkeit durch Erwärmen oder Verdünnung des Geruchs (Verdunsten auf Fließpapier). Charakteristischen, wenn auch sehr schwachen Geruch zeigen manche feste Stoffe (Ton, metallisches Eisen). **Geschmack.** Ein wertvolles, aber mit Vorsicht (Ausspucken!) zu übendes Hilfsmittel [sauer, alkalisch, salzig, kühlend, bitter, tintenartig, zusammenziehend [1]), metallisch, süß]. — An besonderer **Oberflächenbeschaffenheit** kenntlich sind schwer benetzbare Stoffe wie As_2O_3, $B(OH)_3$, Mg-Silikat als Talkum, an metallischem Glanz außer Met. [2]) auch Sulfide („Glanze, Blenden") Graphit, Jod u. a.; an der Härte (knirschen) Silikate, Kieselsäure als Quarz (Sand), Karborund (SiC) glasritzend; an der Weichheit, auch verbunden mit Abfärben (Graphit, Blei u. ä.); an der Schwere Hg-, Ba-, Pb-Vbdgn., am Gegenteil Mg-, Al-Vbdgn. u. a.; an der Klebrigkeit Wasserglas, an der Plastizität mit Wasser Ton [3]), an der faserigen Beschaffenheit Asbest, am schlüpfrigen Griff stark alkalische Lösungen. Es könnten noch viele derartige Eigenschaften aufgeführt werden (Leuchten im Dunkeln u. ä.).

Farbe [4]).

Schwarz: viele Oxyde und Sulfide; Braunstein; BiJ_3; Kohle. Sehr fein verteilte Metalle.

Grau: Metalle (Zinkstaub); Fe_2O_3 (Mineral); FeJ_2; Sb_2S_3; Chromeisenstein.

Braun: CdO, Fe_2O_3, Kobaltoxyde; PbO_2; SnS, Bi_2S_3; Ag_3AsO_4. Cr-Zwischenoxyde [5]), geglühtes $PbCrO_4$.

Braungelb: Ferrisalze.

Braunrot: Fe_2O_3, Mn_3O_4, K_3Cy_6Fe, Ag_2CrO_4.

Rot: HgO, HgS, HgJ_2; Chromrot; Cu_2O; Pb_3O_4, Sb_2S_5, As_2S_2 (Realgar), Ferri-Azetat und Rhodanid; Cd-Rot (selenhaltiges CdS), Phosphor.

---

1) Bitter: Mg, Ca; zusammenziehend: Al; tintenartig: Fe; süß: As_2O_3.

2) In feiner Verteilung, besonders in einem anderen Medium, büßen Metalle diese Eigenschaft ganz ein.

3) Je nach Wassermenge etwas klebend oder vom Finger loslassend. Saure R. der Tone.

4) Die Angaben dieser Kapitel machen keinen Anspruch auf Vollständigkeit.

5) Zwischenoxyde = Oxyde nicht einheitlicher Wertigkeit des betr. Elements wie CrO_2, Fe_3O_4, NO_2.

Orange: $K_2Cr_2O_7$, CdS.

Rosa: Kobaltsalze (Oxalat, Carbonat, Phosphat), Mn-Salze (sehr blaß).

Gelb: Chromate (Alk, Zn, Sr, Pb, Ba) Silbersalze (Bromid, Jodid, Arsenit, Phosphat), basisches Merkurisulfat, Phosphate (Eisen, Silber), Schwefel und Sulfide (Cd, As, Sn^4), Oxyde (Bi, Hg), Jodide (Pb, Ag), K_4Cy_6Fe, Alk_2PtCl_6; — Schlippes Salz (in ganz reiner Form farblos). Antimonsaures Blei (Neapelgelb), basisches Chlorblei; Kaliumkobaltinitrit; Eisenoxydhydrat (Limonit).

Graugelb: PbO (lehmfarbig).

Goldgelb: SnS_2; Messing, Bronzen, FeS_2, PbJ_2.

Silberglänzend: Metalle (Sn und Al-Pulver), manche Sulfide in der Natur, Glimmer. Ein geübtes Auge erkennt:

Zn und Pb an einem bläulichen Stich,
Bi „ „ rötlichen „
Sn, Cd „ „ gelblichen „
Al „ „ grauen „

Grün: Cu-Salze (Scheeles Grün, Schweinfurtergrün, Malachit). Ni-Salze, Cr^3-Salze (Cr_2O_3)[1]. Manganate, HgJ; Kobaltozinkat (Rinmanns Grün). Ferrosalze (Silikat, Veronesergrün). Mischgrüne aus Gelb und Blau (in der Praxis ist die Gelb-Komponente meist Chromat (Pb, Sr, Zn), seltener CdS, als Blau meist Berlinerblau oder Ultramarin (selten Co-blau).

Blau: Cu-Salze, Ultramarin[2]) (Lapislazuli), Berliner- und Turnbull-Blau, Co-Stannat, -Silikat, -Aluminat (Thénard-Blau), Ferrophosphat (als Mineral).

Violett: Chromiverbindungen. — Alaune (Cr, Fe, Mn), $CrCl_3$ sublimiert. — Permanganat. — Co-Arsenat, -Phosphat, Stannat.

Weiß oder farblos ist die überaus große Mehrzahl aller Verbindungen.

Änderungen der Farbe beim Erhitzen, vgl. S. 123.

Organische Farbstoffe werden oft erkannt durch Löslichkeit in org. Solventien, z. B. Alkohol oder Chloroform und Zerstörbarkeit beim Glühen. Durch Oxydation, wie durch Reduktion gehen sie häufig in farblose Verbindungen über. Oft haben sie Indikator-Eigenschaften.

---

[1]) Vgl. S. 123 unten. Betr. HgJ vgl. I, 52.

[2]) Es gibt auch roten und grünen Ultramarin.

Trocken gefärbt, gelöst farblos (oder sehr blaßfarbig): Fe^2-Salze; Mn^2-Salze; PbJ_2 u. rotes HgJ_2 in Alkohol; As-, Sb-, Sn-Sulfide neben alkalischen Substanzen; Co + Ni-Salze, $KMnO_4$ + Ni-Salz und andere Stoffpaare komplementärer Farbe in bestimmtem Gemisch. $K_4Mn(CN)_6$ (analog dem Blutlaugensalz) tiefblau, in Lösung schwach gelb.

Trocken und in Lösung gefärbt: Chromate, Dichromate, Manganate, Permanganate, komplexe Eisencyanide, Kupfer-, Nickel-, Chromi-, Kobaltsalze. Berlinerblau bei Gegenwart von Oxalsäure; lösliches Berlinerblau [1]) d. i. kolloides $KFe[Fe(CN)_6]$.

Trocken farblos, in Lösung gefärbt: $CuSO_4$ (und viele andere Salze) wenn wasserfrei; Pb- und Bi-Salz neben Nitriten (mit sehr wenig Wasser starke Gelbfärbung).

Charakteristisch ist der **Farbwechsel** von Cu, Co, Ni, Ferri-Salzen in verschiedener Konzentration, und je nach Säurezusatz oder nicht (Zurückdrängung der Hydrolyse oder Komplexbildung), für Ferri-Salze sehr charakteristisch bei Zusatz von Schwefel-, Salpeter-, Phosphorsäure. — Beständigkeit der gefärbten Sz. gegen Alkali und Säure? (Berlinerblau, Ultramarin.) Manche anorganische Gemische verhalten sich geradezu wie Indikatoren: farbloses Ferri-Rhodan-Tartrat wird durch Säure rot, farbloses Ammonium-Merkurijodid gibt mit OH braune Färbung oder Niederschlag [2]).

Farbwechsel beim Glühen s. S. 123.

Die diagnostische Bedeutung der Farbe ist beschränkt:

1. durch gegenseitige Beeinflussung (Deck-, Mischfarben, z. B. Grün aus Gelb und Blau); Gelb mit Schwarz erscheint grünlich. Farblosigkeit durch komplementäre Mischung;

2. durch das Verblassen der Farbe mit Abnahme der Korngröße (für beide Fälle ist Gebrauch der Lupe nützlich);

---

[1]) Manche sehr fein verteilte Farbstoffe lassen sich in Wasser fein verteilt von Lösungen kaum unterscheiden. Erst bei wiederholtem Filtrieren, wobei die Lösung immer heller wird, kann man sie schließlich ganz auf einem doppelten Filter zurückhalten.

[2]) Es gibt noch mehr derartige anorganische Indikatoren. Vgl. Band I.

3. weil spurenweise Verunreinigungen stark färben können (Eisengehalt der rohen konz. Salzsäure, Färbung mancher Edelsteine);

4. weil viele Stoffe verschiedenfarbig vorkommen (Hg-Salze; CdS gelb und rot; Chromate und Fe-Oxyde (bzw. Hydroxyde) hellgelb(zitron) bis rot oder braun (Fe_2O_3 auch braunviolett). Die Farbe in Lösung erzeugter N'e weicht von der der trockenen Stoffe oft sehr ab. — Vorsicht bei Verwertung negativer Befunde: auch in anscheinend farblosen Stoffen können sich gefärbte verbergen. Durch verschieden kapillare Diffusion kann man manche Farblösungen trennen. Ein Tropfen einer Lösung $K_2Cr_2O_7 + KMnO_4$ verläuft im Papier außen gelb, innen rot.

Flammenfärbung. Wenig Substanz mit wenig Salzsäure auf dem Uhrglas durchfeuchtet. Etwas davon am ausgeglühten Pt-Draht [1]) in die nicht leuchtende Bunsenflamme [2]) gebracht [3]). Besonders am Rand der Flamme sichtbare Farbe bei Gegenwart von

Sr Li	Ca	Na [4])	Cu B [6]) Ba	Pb Sn As P Sb	K[5])
blutrot	gelbrot	gelb	grün	fahlblau	violett

Man erhitzt erst im kälteren Teil der Flamme. Im Na-, nicht im Ca-Lichte verblaßt die Farbe eines Dichromatkristalls. — Durch blaues Co-Glas betrachtet, läßt sich K neben der alles verdeckenden Na-Flamme erkennen (Blau +

---

[1]) Einen wenn auch nicht vollwertigen Ersatz dafür bieten die sog. Magnesiastäbchen.

[2]) Besser Gebläseflamme oder wenigstens Flamme eines Brausebrenners.

[3]) ➡ Es sei dringend davor gewarnt, mit dem noch heißen Draht in irgendwie größere Mengen Sz. hineinzufahren, da bei endothermen Mischungen gefährliche Explosionen vorkommen können.

[4]) Vgl. Anmerkung 1, S. 117.

[5]) Die Färbung durch völlig reines Na-freies K-Salz ist blau. Sie pflegt zu zeigen das Chlorat des Handels. Das meist nicht ganz so reine KNO_3 färbt schon rotstichig.

[6]) Grün kann außerdem auch Mischfarbe von Gelb und Blau sein (Ca-phosphat).

Gelb = farblos). Nicht jedes sog. „Co-Glas" des Handels ist brauchbar. Die Sr-Flamme erscheint im Co-Glas blaurot, die Ca-Flamme farblos oder grünlich fahl. Flammenfärbung bei Silikaten nach Mischen mit $CaSO_4 + CaF_2$ und Anfeuchten. Die Technik der Flammenfärbungen läßt sich stark vervollkommnen und besonders für Prüfungen mit Spektralapparaten brauchbar machen, dadurch daß man in der Lösung der Sz. Wasserstoff entwickelt (durch Zusatz von Zn + HCl) und mit diesem ihre Dämpfe in die Flamme gelangen läßt (Beckmanns Zerstäuber, Z. f. anorg. Ch. 07, S. 561).

Perl-Reaktion. Ein um eine Kegelfläche (Bleistiftspitze) zu einer Spirale mit zwei flachen Windungen gewickelter mittelfeiner Pt-Draht [1]) wird glühend in Phosphorsalz oder Borax getaucht. Haftenbleibendes Salz wird durch Erhitzen zu klarem, wasserfreiem Glase geschmolzen. Um das Abfallen der Perlen [2]) ins Brennerrohr zu hindern, erhitze man langsam und bei schräg gestelltem Brenner. Noch heiß in Sz. getaucht [3]) und mit haftenbleibenden Spuren derselben von neuem erhitzt, zeigt die Perle nach Erkalten [4]) folgende Farben:

in der Oxydationsflamme	durch Anwesenheit von	in der Reduktionsflamme
rötlich braun	Ni	grau
grün	Cr	grün
blaugrün	Cu	rotbraun
violett	Mn	farblos
rotbraun (heiß) gelb bis farblos,	} Fe	gelb (Borax P. grün)
blau (ev. auch Cu)	Co	blau

[1]) Das Drahtende biegt man zweckmäßig quer durch die Kreiswindung.

[2]) Besonders bei P-Salz häufig und sehr lästig. Man hält zweckmäßig beide Salze bereits geschmolzen vorrätig.

[3]) ➡ Vorsichtig!! Vgl. S. 24, Akg. 3.

[4]) Die Farbe der noch heißen Perlen wechselt stetig mit der Temp., was ihre diagnostische Verwertbarkeit stört.

Die Farben können sich gegenseitig verdecken (Cr und Mn) und Mischtöne erzeugen (Grün aus Gelb und Blau). Die Umfärbung in der Reduktionsflamme wird dann wichtig zur Unterscheidung.

SiO_2 erzeugt nur in der P-Salzperle ein sog. Skelett, d. h. in der flüssigen klaren Masse schwimmen Flocken von ungelöstem SiO_2. Die Metalloxyde der Silikate werden gelöst. Ungelöstes SiO_2 behält die Form der Mineralstückchen bei. Man verwende hierzu den in konz. H_2SO_4 ungelöst zurückbleibenden Teil. Vorhandenes SnO_2 und Sb_2O_5 löst sich übrigens ebensowenig im P-Salz. Andererseits geben in Einzelfällen manche Silikate auch eine klare Perle. In dunkel gefärbten Perlen (Co, Cr) ist das Skelett natürlich schlecht sichtbar. SiO_2-Nachweis in der Borax-Perle mit Mo vgl. S. 153, A. 1.

Vorproben — Lösen — Aufschließen etc.

Mit welchen chemischen Mitteln man die Substanz auch behandeln möge, stets müssen dieselben sein

neutral, sauer oder alkalisch,
indifferent, oxydierend oder reduzierend,
trocken, flüssig oder gasig [1]).

Daraus würden sich durch Kombination 27 Möglichkeiten berechnen, von denen aber die 9 den „gasigen Weg" benützenden ausscheiden, die man nur in der quantitativen Analyse anwendet. Die Zahl verringert sich weiter dadurch, daß Oxydation und Reduktion fast immer nur bei Gegenwart von H oder OH verlaufen, und zwar sauer mehr auf nassem Wege, alkalisch mehr auf trocknem Wege angewendet werden, so daß schließlich nur ungefähr 1 Dtzd. verschiedener Behandlungsweisen übrig bleiben. Behandlung auf nassem Wege dient mehr der Lösung, auf trockenem Wege mehr dem „Aufschluß" der Sz. [2]). Beide Arten sind

[1]) Als vierte Gruppe könnte gelten: dissoziierende, komplexbildende und „indifferente" Mittel.

[2]) Als „unlösl. Rückstd." pflegt man zu bezeichnen, was durch HCl, HNO_3 oder Königswasser, d. h. durch saure oxydierende oder reduzierende Behandlung auf nassem Wege nicht in Lösung zu bringen ist; als Aufschluß jede Behandlung solcher Rückstände auf trockenem

auch verwertbar für sog. Vorproben und dazu bestimmt, orientierenden Anhalt für die vermutliche Zusammensetzung zu geben, wodurch dann auch die Wahl der ferneren Analysenmethoden beeinflußt werden kann. Sobald eines der angegebenen Mittel zur — ev. fraktionierten — Lösung der Sz. oder der Abtrennung eines „unlöslichen Rückstandes" geführt hat, beginnt man zweckmäßig mit dem systematischen Analysengang, um während der durch Filtrieren usw. bedingten unfreiwilligen Muße die Vorproben fortzusetzen. Für die Sz., die auf die eine oder andere Weise auf nassem Wege ganz oder zu einem erheblichen Teil in Lösung zu bringen ist, haben die Vorproben auf trockenem Wege hinsichtlich der Kationen weniger Bedeutung. Sie sind nützlich, weil sie oft Feststellungen ermöglichen, für die der Analysengang viel mehr Zeit erfordert. In manchen Schulen, bei Hüttenleuten, Mineralogen u. a. wird die Analyse auf trockenem Wege viel stärker berücksichtigt [1], als es in diesem Buche geschieht. Die Prüfung auf Anionen pflegt man, obwohl kein bestimmter „Gang" dafür existiert, nicht zu den Vorprüfungen zu rechnen, weil man sie oft bis nach Feststellung der Kationen aufschiebt. Da der Gang der Kationen-Analyse indes Kenntnis über die Anwesenheit gewisser Anionen (vgl. S. 84) voraussetzt, da beim Lösen in Säure ohnehin auf dabei auftretende Erscheinungen zu achten ist, so spricht ebensoviel dafür, alle R'en auf Anionen gleich anfangs als „Vorproben" vorzunehmen. Die zuerst festgestellte Ionengattung läßt meist schon unter Berücksichtigung der Löslichkeitsverhältnisse Schlüsse zu, welche Glieder der anderen Ionengattung vorhanden sein können und welche nicht.

Entscheidende Bedeutung haben die Vorproben jeder Art für den in W. und S. sich nicht lösenden „unlöslichen Rück-

---

Wege, aber auch die Zersetzung der Silikate durch HCl, und als Aufschluß im engeren Sinne die Überführung einer in W. und S. unlöslichen Sz. in eine solche, die zwar noch in W. nicht aber in S. unlöslich ist ($BaSO_4 \rightarrow BaCO_3$). Man faßt beide Begriffe aber oft auch weiter und redet z. B. vom Aufschluß der Sulfide mit HNO_3 u. ä.

[1] Wilh. Biltz, Ausführung qual. Analysen. J. Landauer, Lötrohr-Analyse. C. F. Plattner, Probierkunst mit dem Lötrohr.

stand". Sie weisen den Weg für seine weitere Verarbeitung (Aufschluß) und erstrecken sich auf seinen basischen wie sauren Teil. Zur Prüfung des „unlöslichen Rückstandes" verwendet man daher zweckmäßig der Reihe nach alle S. 38-51 angegebenen Vorproben, bis man auf eine stößt, mittels deren man seine Natur mit einiger Sicherheit erkennen, ihn direkt oder indirekt in Lösung bringen und dann nach dem Analysengang endgültig identifizieren kann.

Herstellung einer Lösung der Analysen-Substanz für Prüfung auf Kationen

Die Ausdrücke „leicht" und „schwer" löslich (oder „unlöslich"[1]) werden gebraucht für zwei verschiedene Eigenschaften, nämlich 1. für reichlich und spärlich, 2. für schnell und langsam löslich. Reichlich lösliche Stoffe sind allerdings meist auch schnell l., während langsame sich häufig mit spärlicher Löslichkeit zusammen vorfinden [z. B. As_2O_3, CaF_2, Ca- u. $SrSO_4$, $SrCrO_4$, Mg-Oxalat, $Ba(JO_3)_2$ u. a.]. Von überaus langsam, aber reichlich löslichen ist das trockene Wasserglas zu nennen. Erzeugnisse der Natur (Mineralien) unterscheiden sich von den entsprechenden künstlichen, hoch erhitzt gewesene, oder sehr stark von Feuchtigkeit befreite von den gewöhnlichen durch oft sehr viel schwerere (langsamere?) Löslichkeit. Die Geschwindigkeit der Auflösung wächst immer, die Menge des aufgelösten meistens mit der Temperatur sehr erheblich. Man erhitzt daher regelmäßig mit dem Lösungsmittel. Die Geschwindigkeit steigt ferner

---

1) Im Gegensatz zur Praxis kennt die theoretische Chemie keine unlöslichen Stoffe: Die Löslichkeit einer festen Sz. in einer Flüssigkeit kann danach beliebig klein, aber nie ganz Null werden. Daraus, daß für die Bedingungen unserer Umgebung fast alle Salze sich in zwei Gruppen, „leicht" und „schwer" lösliche, sondern lassen, und daß in der Mitte stehende, wie Gips, nicht sehr häufig sind, ersieht man die Zweckmäßigkeit der Einteilung der Praxis. Die Löslichkeit eines Stoffes wechselt oft stark mit der „Zustandsform" desselben (frische Fällung — gealtertes Präparat). Für die Analyse kommt bei den Lösungsversuchen die Löslichkeit der gealterten Form, bei ihrer weiteren Ausführung die der primären Fällungsform in Betracht. Bei Gebrauch von Löslichkeit — Angaben der Literatur ist dies zu berücksichtigen. Was aus einem Gemisch A + B ausfällt, A oder B oder ein Gemisch beider wird übrigens oft auch durch das Mengen-Verhältnis u. a. beeinflußt („Mitreißen" von N'en).

mit der Oberfläche. „Schwer" lösliche Stoffe sind darum feinst zu pulvern. — Übermäßig lange zu kochen ist nicht ratsam, da sich Stoffe mit H_2O-Dampf verflüchtigen können (Hg, As, Sn). Man wählt besser eine nahe unter dem Siedepunkt liegende Temperatur und läßt längere Zeit (10—15') einwirken [1]). Besonders bei Säuren, die sonst ohne zu wirken weggekocht werden unter Verbreitung lästiger Dämpfe [2]). Die wenigen Grade Unterschied gegen den Siedepunkt verringern die lösende Wirkung nicht wesentlich [3]). Bei langer Einwirkung können andere Resultate als bei kurzer erhalten werden: MgO und Na_2CO_3; $BaCO_3$ und Na_2SO_4 können durch Wasser getrennt werden; bei längerer Berührung in Wasser setzen sie sich teilweise um. — Feine Pulver können den Glasboden des Gefäßes so lückenlos bedecken und seine Benetzung durch Wasser hindern, daß infolge örtlicher Überhitzung das Glas springt, oder lästiges Spritzen und Stoßen der Flüssigkeit eintritt, das Gefäß wohl möglich vom Stativ herunterspringt. Durch Rühren oder Schütteln muß die Masse darum dauernd in der Schwebe erhalten werden. Reagiergläser erhitzt man in solchem Fall nicht am Boden, sondern nahe der Flüssigkeitsoberfläche unter stetem Bewegen, und nicht im heißesten Teil der Flamme.

Eine heiß hergestellte konz. Lösung wird häufig beim Abkühlen wieder Salze ausscheiden, deren Löslichkeitskurve mit der Temperatur stark ansteigt, vor allem $PbCl_2$. Im allgemeinen wird man genügend Wasser zusetzen, um die Sz. auch in der Kälte in Lösung zu halten; in Ausnahmefällen kann man eine Fraktionierung in einen in kaltem Wasser leicht, und einen schwer löslichen Teil vornehmen. Bei Anwesenheit von $PbCl_2$ ist das zu empfehlen. — Um das Lösungsmittel möglichst auszunutzen, auch unnötigen

---

[1]) Sehr kleine Flamme (Asbestdrahtnetz) oder Hineinstellen in kochendes Wasser (Blechtopf als „Wasserbad").

[2]) Gegenmittel: Erlenmeyer-Kolben mit aufgesetztem Trichter (Rückflußkühler), auf diesem aufliegend und das Ganze hutartig bedeckend, ein größeres Becherglas.

[3]) Geglühtes Fe_2O_3 (nicht so Al_2O_3) geht, wenn fein genug gepulvert, mit konz. HCl im Wasserbad, Boracit bei etwas höherer Temp. mit 20 % HCl allmählich in Lösung; CaF_2 ebenfalls, aber erst nach noch längerer Zeit.

S.-Überschuß zu vermeiden, verfahre man stets nach dem Grundsatz umgekehrten Reagenszusatzes: Zu 3 bis 4 ccm gebe man im Reagensglase eine sehr kleine Menge der gepulverten Substanz, lasse unter zeitweiligem Schütteln 5 bis 10′ stehen und behandle eine zweite Probe ebenso unter Erhitzen. An den Glaswandungen haften bleibendes spült man durch mehrfaches Ab- und Umgießen der überstehenden Lösung herunter. Mögliche Fälle:

1. Die Substanz verschwindet sichtbar ganz, ist also in dem Lösungsmittel löslich. Man gibt so viel hinzu, bis eben etwas ungelöst bleibt, und bringt dies dann durch wenig Lösungsmittel zum Verschwinden.

2. Die Substanz verschwindet nicht. Ob ein Teil gelöst ist, lehrt häufig der Augenschein (Verringerung der Menge; Färbung, Schlierenbildung in der Flüssigkeit), andernfalls prüft man durch Abdampfen weniger Tropfen oder durch allgemeine Reagenzien [1]), ob sich überhaupt etwas gelöst hat. Ist dies nicht der Fall oder ist die gelöste Menge allzu gering, so nimmt man ein neues Lösungsmittel; ist die Menge des Gelösten nennenswert, so darf man nicht aus dem Bleiben eines Rückstandes ohne weiteres schließen, daß die Sz. „teilweise löslich" sei, daß sie also aus mindestens 2 diff. Stoffen bestehe, ehe man nicht probiert hat, ob nicht etwa bei mehrfach wiederholter Einwirkung doch völlige Lösung des zuerst hinterbliebenen Restes eintritt. Die Sz. muß also jedesmal mit dem gerade angewandten Lösungsmittel „erschöpft" werden [2]). Bei $CaSO_4$ z. B. wird man bei gehöriger Sorgfalt auf diese

[1]) Reaktion auf Lakmus; Fällungsprobe für Kationen: mit H_2S in saurer, und alkalischer, mit Na_2HPO_4 in NH_3-haltiger Lösung. Für Anionen mit $AgNO_3$ und mit $BaCl_2$. Außer den Komplexverbindungen gewisser Metalle mit organischen Bestandteilen entgehen bei dieser Prüfung dem Nachweis nur Alkalinitrate, -Chlorate, -Perchlorate, Dithionate und -Azetate, deren Kation aber durch Flammenfärbung leicht gefunden wird. Über das Problematische der Flammenfärbung für Na vgl. S. 117, A. 1.

[2]) Die Probe auf Vollständigkeit muß die Abwesenheit auch des wenigst löslichen Bestandteils im ungelöst bleibendem erweisen. Ein Gemisch von NaCl, $CaSO_4$, As_2O_3, $CaCO_3$, bis zum Verschwinden der Cl-Reaktion mit Wasser ausgezogen, enthält natürlich Gips und As_2O_3 noch in reichlicher Menge.

Weise bei der Vorprobe völlige Löslichkeit in Wasser feststellen. (Für die Hauptmenge nimmt man hier trotzdem Salzsäure, vgl. S. 32.) Man versucht zu dem Zweck das Gemisch jedesmal durch Absitzenlassen [1]) des N's zu klären und entfernt die überstehende Flüssigkeit [2]), um sie durch neue zu ersetzen. Jede Sz. ist in ihrer eigenen Lösung weniger, das heißt langsamer löslich als in reinem Solvens. Verwendete S'en werden durch die entstandene Salzlösung verdünnt und verlieren an Wirkung. Nach jeder Säurebehandlung probiere man mit Wasser, bevor man andere oder mehr Säure anwendet (vgl. S. 32) [3]).

Nimmt das Lösungsmittel nur noch winzige Mengen auf oder ist überhaupt nichts Lösliches mehr nachzuweisen, so wechselt man das Lösungsmittel. Eine getrennte Behandlung mit verschiedenen Lösungsmitteln ist in jedem Fall am Platze, auch in dem Fall, daß man nachher beide Lösungen wieder zusammengießt und analysiert. Man habe z. B. folgendes Gemisch:

30 Teile Stoff A löslich in 100 ccm H_2O oder Säure,
5 „ „ B nur in verdünnter Säure (25 ccm) eben löslich,
1 „ „ C nur in konz. Säure (5 ccm) eben löslich.

1) Vgl. S. 13, A. 1.

2) Durch Abgießen (oder Abhebern). Nur bei Sz'en, die lange in Wasser schwebend bleiben und nicht absitzen, muß man sich dieses Vorteils begeben, gleich filtrieren (durch ein sehr kleines Filter!) und das Ungelöste wieder mit Lösungsmittel ins Reagensrohr zurückspritzen oder spülen (oder die „Abklatschmethode" anwenden).
Den ersten konzentriertesten Auszug der Sz. hebt man besonders auf, während die folgenden zweckmäßig vereinigt und durch Eindampfen konzentriert werden.
Man scheue das Abdampfen (Porzellanschale, Wasser- oder Sandbad) nicht, wenn die Lösung ein unbequem großes Volumen hat oder zu stark sauer ist. Den fast trockenen Rückstand nimmt man mit schwach saurem Wasser auf.

3) Wichtig sind manche durch Erfahrung festgestellte Löslichkeit-Beeinflussungen: Ag in Au-reichen Legierungen ist in HNO_3 unlöslich, Pt mit viel Ag in HNO_3 löslich. Viele in HCl an sich lösliche Metalle verlieren im Gemisch mit viel HCl-unlöslichen diese Eigenschaft (Zn in Messing). Andererseits gibt es in HCl völlig lösliche Sn-Pb-Hg-Legierungen. — Sb, an sich in HCl unlöslich, löst sich in Legierung mit Blei (Letternmetall). Fe und Cr einzeln sind in HCl löslich, Ferro-

Wollte man auf Grund der nicht völligen Löslichkeit in W. gleich S. nehmen, so würde offenbar ein unnötig großer Überschuß davon erforderlich sein. Ebenso wenn man zuerst W. anwendet, dann aber abzufiltrieren unterläßt, denn die lösende Wirkung der Säure wird durch die schon vorhandene reichliche Menge wäßriger Flüssigkeit (Salzlösung) stark abgeschwächt.

Die verwandte Säure kann möglicherweise, wenn sie auch keine Lösung erzeugt, die Sz. sichtbar verändern, oft so, wie es die Vorbehandlung für den Analysengang ohnehin erheischt („aufschließen"), z. B. Zersetzung mancher Silikate, der Thiosulfate, Polysulfide usw.

Übliche saure Lösungs- und Aufschlußmittel

Als Lösungsmittel werden gewöhnlich Wasser, Säuren verschiedener Konzentration und schließlich Königswasser genannt. Das darin Unlösliche gilt dann als „unlöslicher Rückstand". Auf Nebenerscheinungen, die beim Säurezusatz zu beobachten sind, ist besonders zu achten. Königswasser erfreut sich bei Anfängern großer Beliebtheit trotz, oder vielleicht wegen seines üblen Geruchs, dem eine besonders kräftig lösende Wirkung zugeschrieben wird, was durchaus nicht zutrifft. Nur oxydablen Stoffen gegenüber kann es ein wirksameres Solvens sein als gewöhnliche Säuren (z. B. für HgS, Edelmetalle), aber auch nicht gegenüber allen oxydablen Stoffen. Die Anwendung von Königswasser beschränke man daher so weit wie nur irgend möglich. Als lösende S. verwendet man, wo nur irgend angängig, HCl (zuerst 20 %ige, dann konz.). Auch bei Gegenwart von Bleisalzen. Bei richtiger Konzentration erhält man hier in der Hitze eine klare Lösung, aus der beim Abkühlen $PbCl_2$ in Kristallen wieder ausfallend, gleich auf diese Weise zum größeren Teil abgetrennt und erkannt werden kann. Versagt HCl, so probiere man nacheinander

---

chrom nicht. Ähnlich verhalten sich viele technisch wichtige Stahllegierungen der Neuzeit. Fraktionierte Extraktion wird in solchen Fällen unmöglich. —

dil. und konz. HNO_3 [1]), Königswasser und schließlich die später angegebenen Mittel der Reihe nach. Man versäume nicht, wenn etwas ungelöst blieb, der Behandlung mit Säure jeweils nach Abgießen der sauren Lösung eine solche mit H_2O allein folgen zu lassen, weil nicht selten durch Wirkung des „gleichionigen Zusatzes" sich Salze der Säure in Kristallen „unlöslich" ausscheiden. — Findet man überhaupt kein Lösungsmittel, so untersucht man nach den für den unlöslichen Rückstand angegebenen Methoden. — Es entsteht die Frage, ob man ein allgemeines Lösungsmittel für die ganze Substanz suchen oder einen in Wasser, einen in Säure, einen in Königswasser löslichen Teil gesondert untersuchen soll. Da die Zahl der Salze, deren Lösung Oxydation und daher Anwendung von Königswasser oder konz. HNO_3 erfordert, sehr beschränkt ist gegenüber der in Wasser oder S. löslicher, so empfiehlt es sich jedenfalls bei ihrer Gegenwart alles andere erst in W. oder S. zu lösen, und erst den bleibenden Rückstand für sich in oxydierender Säure. Ebenso wird man natürlich den „unlöslichen Rückstand" vor seiner Aufschließung von allen in H_2O oder S. löslichen Stoffen befreien. Ob man dagegen die Auszüge mit Wasser und mit (nichtoxydierender) S. zusammen oder getrennt untersuchen soll, darüber läßt sich keine allgemeine Vorschrift geben.

Wenn man sich, wie dies früher allgemein im Unterricht, und in der Praxis auch jetzt noch verlangt wird, nicht mit der Feststellung der Ionen einer Substanz begnügt, sondern auch die Bindungsform derselben zu Salzen, soweit möglich [2])

---

1) Besonders für Legierungen (S. 65, 1) und mineralische Sulfide; auch zur Prüfung wasserunlöslicher Sz. auf Chloride (BiOCl, SbOCl, $HgClNH_2$ u. ä.).

2) Erst auf diese Weise lassen sich Gemische unterscheiden wie etwa $Na_2CO_3 + BaSO_4$ von $BaCO_3 + Na_2SO_4$ oder $CuS + ZnCO_3$ von $CuCO_3 + ZnS$ (wenn die blaue Farbe des letzteren durch irgendein Schwarz verdeckt ist). Der Einwand, daß ein Gemisch wie etwa NaCl $+ BaSO_4$ sich analytisch nicht unterscheiden lasse von $BaCl_2 + Na_2SO_4$ wiegt demgegenüber praktisch nicht schwer, denn 1. sind bei der Allgegenwart von H_2O solche mit H_2O umsetzbaren Salzpaare höchst selten Gegenstand der Analyse, 2. unterscheidet sich mit H_2O

zu ermitteln trachtet, so ist die getrennte Analyse des Extrakts der Sz. mit H_2O und mit Säuren dazu das gegebene Mittel. Andernfalls müßte dies am Schluß der Analyse durch besondere Versuche klargestellt werden. Man erspart dadurch auch nicht selten langwierige analytische Trennungen (so z. B. die der Alkalien von den übrigen, besonders von Mg). In anderen Fällen wird allerdings wenig gewonnen und die Arbeit in einer Gesamtlösung einfacher. Die sichere Entscheidung der Frage würde Kenntnis dessen voraussetzen, was durch Analyse erst festgestellt werden soll. Darum haben in solchen Fällen die Vorprüfungen besonderen Wert. – Es kann von Vorteil sein, auf verschiedenen Stufen der Analyse Bestandteile der Lösung in Wasser und der in S. wieder zu vereinigen und zusammen zu untersuchen.

Man nimmt jedenfalls das Lösungsmittel nie „schärfer" als nötig ist, also nicht Säure, wo Wasser, nicht oxydierende S., oder gar Königswasser, wo Salzsäure genügt; es kommt allerdings wesentlich darauf an, ein möglichst schnell und reichlich lösendes Mittel zu haben. Man wird darum für eine in Wasser allzu spärlich lösliche Substanz lieber S. anwenden, z. B. für Gips oder arsenige Säure verdünnte Salzsäure. Man wird ebenso in S. zwar nachweisbar, aber nur langsam und in geringen Mengen lösliche Stoffe (z. B. Bleiantimonat) lieber als „unlöslichen Rückstand" behandeln und aufschließen.

Vollständigere Aufzählung der zum Lösen, Aufschließen und für Vorproben (alles auf nassem Wege) dienlichen Mittel

Neutral indifferent: Wasser: als Lösungsmittel vgl. S. 28, A. 1.

---

frisch entstehendes $BaSO_4$ deutlich von einem „alten" Präparat, 3. müßte, wenn die H_2O-Lösung nur Cl′ enthält (aber keine Spur Ba oder SO_4), Na_2SO_4 und $BaCl_2$ schon in haarscharf äquivalent abgewogener Mischung vorliegen, was in praxi höchst unwahrscheinlich ist.

➡ Ohne Trennung der Bestandteile sind irgendwie kompliziertere Gemische nicht zu analysieren. Die einfachste Art der Trennung ist aber die durch Lösungsmittel. Man sollte sich dieses Vorteils daher nicht ungezwungen entschlagen.

In Ausnahmefällen organische Flüssigkeiten zum Lösen organischer Beimengungen (z. B. Farbstoffe). Alkohol ist weniger geeignet, weil er auch eine Reihe anorganischer Salze löst. Benzol für Schwefel; CS_2 für weißen P; $CHCl_3$ oder Benzin für J, Br u. ä.

Neutrale oxydierende und reduzierende Flüssigkeiten kommen kaum je in Frage.

Sauer indifferent: HCl und HNO_3 in den üblichen Verdünnungen (20 bzw. 33 %) zeigen, wenigstens bei höheren Temp. schon, wenn auch wenig reduzierende bzw. oxydierende Wirkung. Dies ist nicht der Fall bei Essig- und Schwefelsäure in allen Graden der Verdünnung (nur in ganz konz. Form oxydiert H_2SO_4).

In Ausnahmefällen organische, mit H_2O nicht mischbare Flüssigkeiten (z. B. Äther) zusammen mit einer Säure, um organische S'en aus ihren Salzen freizumachen und durch Extraktion zu entfernen (Weinsäure löst sich nicht in Äther).

Indifferente Säuren: als Vorprüfung für Anionen S. 128; als Lösungsmittel vgl. unten; als Aufschlußmittel: HCl für manche Silikate; konz. H_2SO_4 für Fluoride.

Sauer reduzierend: Konz. HCl (ev. mit Zusatz von Alkohol für Superoxyde, Chromate u. ä. unlösliche starke Oxydationsmittel. Ihre Verwendung hat Nachteile, insofern als sie, in dem Maße, wie sie reduziert, durch das dabei entstehende freie Chlor nebenher, andere Bestandteile oxydieren kann. Behandelt man etwa ein Gemisch von HgS und viel Pb_3O_4 damit, so wird entstehendes Chlor HgS auflösen, ohne daß Sulfid dabei, wie gewöhnlich, erkannt werden kann, weil H_2S durch Cl sofort weiter oxydiert wird [1]). So könnte man ev. weder Cl noch H_2S wahrnehmen und die Wirkung der konz. HCl würde scheinbar die einer starken indifferenten Säure sein. Fraktionierte Extraktion ver-

[1]) Die Analyse einer in H_2O oder in S. lösl. Sz. oder eines Gemisches aus beiden ist ein relativ einfaches Problem. Die Schwierigkeiten fangen eigentlich erst an, wenn solche tiefere Umsetzungen zwischen den Bestandteilen und mit dem Solvens eintreten (z. B. Oxydation vorhandenen Oxalates zu CO_2 bei Zutritt des sauren Lösungsmittels durch oxydierende Bestandteile der Sz., z. B. PbO_2).

schieden löslicher Bestandteile wird durch solche Nebenreaktionen ev. unmöglich. — Verwendet man statt HCl eine indifferente S. (dil. HNO_3 oder H_2SO_4 oder E. S.) mit reduzierendem Zusatz von H_2O_2, so wird statt Chlor viel schwächer oxydierendes O_2 frei und HgS bleibt unangegriffen. Verwendet man Oxalat in saurer Lösung, so entsteht CO_2, womit die Möglichkeit jeder Oxydation durch das Lösungsmittel verschwindet [1]. — Zink und dil. Säuren für Ag-halogenide, SnO_2, $CrCl_3$, Fe_2O_3; als Prüfmittel für Anionen.

Sauer oxydierend: HNO_3 mit und ohne weiteren oxydierenden Zusatz von H_2O_2 (für Legierungen und Sulfide). Konz. H_2SO_4, besonders für organische Stoffe. (In Ausnahmefällen Chrom-Schwefelsäure zur Oxydation von C in Stahl.) Königswasser; dasselbe aus konz. S. bereitet. „Umgekehrtes" Königswasser (3 HNO_3, 1 HCl). Lösung von Br in HCl (gut brauchbar für unl. Sulfide); HCl + $KClO_3$. Verwendung von HNO_3 als oxydierender S. hat ähnliche Nachteile, wie die von HCl als reduzierender. In dem Maße wie sie oxydiert, entsteht salpetrige S. (bzw. Stickoxyde), die reduzierende Wirkung ausüben, z. B. PbO_2 und MnO_2 lösen kann. Königswasser entsteht auch beim Zusatz von HCl zu nitrathaltigen, von HNO_3 zu chloridhaltigen Mischungen. Ein Gemisch von HgCl mit KNO_3 ist in dil. HCl glatt löslich Vgl. spätere Anionenprüfung.

Alkalisch [2] **indifferent:** Sodalösung oder Alkalilauge als Vorbereitung zur Untersuchung auf Anionen und als Auf-

---

[1] Aus dem Gesagten darf nicht etwa geschlossen werden, daß jedes dieser reduzierenden Mittel das andere in jedem Falle ersetzen könne. PbO_2 und Pb_3O_4 z. B. lösen sich leicht in H_2O_2 + E. S. (besonders leicht auch in $NaNO_2$ + E. S. zu stark gelber Lösung), etwas schwerer — erst heiß — in Oxalat + HNO_3. Der Anwendung von konz. HCl sind alle drei Methoden vorzuziehen, nicht nur weil der abscheuliche Chlorgeruch dadurch vermieden wird.

[2] Durch Verwendung alkalischer Lösungs- und Trennungsmittel gelingt es nicht selten, jene schwer kontrollierbaren Umsetzungen innerhalb der Sz. (meist durch Oxydation) zu verhüten, die sofort eintreten, wenn die Lösung sauer wird. (Beispiel: Viel $PbCrO_4$ + wenig Berlinerblau.)

schlußmittel [1]) z. B. für Komplex-Cyanide (Berlinerblau); Sodalösung als Lösungsmittel für As_2O_3; Aufschlußmittel für Ba- und $SrSO_4$; Natronlauge oder Ammoniak: als Lösungsmittel [NaOH für die meisten amphoteren Oxyde und ihre Salze [2]) (Pb, Sn, Sb, Al, Cr, Zn), besonders für Arsensulfide, deren Auflösung sonst das übelriechende Königswasser erfordert; für $PbSO_4$ zur Unterscheidung und ev. Trennung von $BaSO_4$; für violettes sublim. $CrCl_3$ u. a.] NH_3 [ev. $NH_3 + NH_4Cl$ [3])] für die meisten [4]) Salze (inkl. Oxyde) von Cu, Ag, Zn, Cd, Co und Ni. Aufschlemmung von HgO für unl. CN-Vbdgg.

In Ausnahmefällen Lauge zusammen mit organischen, mit H_2O nicht mischbaren Flüssigkeiten (Äther), um Salze organischer Basen zu zersetzen und die Base zu entfernen [5]).

Alkalisch oxydierend: $NaOH + H_2O_2$ oder Br. Selten verwendbar. Aussicht auf Erfolg bei unlöslichen Elementen, basischen Oxyden oder ihren Salzen, die in höherer Oxydationsstufe Säuren mit lösl. Alkalisalzen bilden (P, Cr) oder bei manchen Nichtelektrolyten. Auch um Anionen unschädlich zu machen, die bei Säurezusatz sich störend zersetzen (Thio) oder andere Bestandteile der Sz. schwer kontrollierbar verändern würden.

Alkalisch [6]) reduzierend: Von noch geringerer Bedeutung als vorige (Lauge + Al, Zn, K-Oxalat, Formiat, auch $H_2O_2 + OH'$). Brauchbar, wenn stark oxydierende Anionen-Bestandteile der Sz., die die Sulfidfällung stören, un-

---

[1]) Kochende Lauge zersetzt allmählich BN ($\rightarrow KBO_2 + NH_3$). Vgl. Bd. I.

[2]) Zu den darin unlöslichen gehören vor allem Sulfide (except. die von Sn, Sb).

[3]) „Altes" ZnO in NH_3 nur sehr langsam l., schnell in heißem Gemisch $NH_3 + NH_4Cl$ (Trennung von ZnS).

[4]) except. Sulfide.

[5]) Aufschluß mit alkalischer Thiosulfatlösung vgl. Böttger, Qual. A. Aufl. 3.

[6]) PbO_2 löst sich in $NaOH + H_2O_2$; Pb_3O_4 nicht merklich (H_2O_2 reduzierend). — $2AgCl + 2NaOH + H_2O_2 \rightarrow 2Ag + 2NaCl + 2H_2O + O_2$.

schädlich gemacht werden sollen, ohne daß infolge Sauerwerdens der Lösung erhebliche sonstige Umwandlungen innerhalb der Sz. vor sich gehen.

Häufigere Anwendung als bisher üblich, zum Reduzieren in der Analyse verdienen die Salze von Hydrazin und Hydroxylamin, die dem H_2O_2 als Oxydans vergleichbare treffliche Reduktionsmittel darstellen, insofern, als durch ihre Verwendung nur flüchtige Bestandteile in die Analysenlösung gelangen.

Vorproben zur Untersuchung des unlöslichen Rückstandes auf nassem Wege

Die Mehrzahl der als unlöslicher Rückstand auftretenden Stoffe läßt sich schon auf nassem Wege durch Reagensglas-Versuche so weit in R. bringen, daß bald das Kation, bald das Anion erkannt wird. Das Ion der anderen Art ist dann meist unschwer zu finden, da die Zahl der dafür in Betracht kommenden sehr beschränkt ist [1]). Jedenfalls erhält man genügend Klarheit, um ev. auch eine passende Aufschlußmethode auf trockenem Wege zu wählen. — Wenn ein Anteil des unlöslichen Rückstandes gelöst und identifiziert ist, so interessiert vor allem die Frage, ob der ungelöst bleibende Rest etwa auch nichts weiter, als das bereits gefundene enthält (so daß auf vollständigen Aufschluß des Ganzen auf trockenem Wege verzichtet werden könnte). Man erkennt dies daran, daß eine kleine Menge des ungelöst gebliebenen bei anhaltender Anwendung des vorigen Reagenses ganz in Lösung geht. Zu den am schwersten aufschließbaren Vbdgg. gehören einige amphotere (z. B. Al_2O_3 als Korund und Schmirgel) und Spinelle [2])

[1]) Dazu ist allerdings Kenntnis der Löslichkeits-, bzw. Unlöslichkeits-Verhältnisse möglichst vieler Stoffe erforderlich. Dafür brauchbare Tabellen finden sich in den Büchern von Böttger u. von Menschutkin (Anal. Ch. bei Quandt & Händel, Leipzig).

[2]) Zwar löst sich z. B. Thenards-Blau (Co-Alum.) in heißer konz. H_2SO_4 oder H_3PO_4 ziemlich bald; doch sind die Bestandteile in der beim Neutralisieren entsprechend sehr salzreichen Flüssigkeit schlecht nachzuweisen.

(Cr-Eisenstein) und solche, von denen ein Bestandteil durch Oxydation, der andere durch Reduktion, oder einer durch Alkali, der andere durch S. in löslichere Formen übergeht. Dies führt dazu, ev. mehrere Aufschlußmittel gleichzeitig einwirken zu lassen, oder wenn zwei solche miteinander unverträglich sind, z. B. oxydierend und reduzierend, sauer und alkalisch sein müßten, beide abwechselnd anzuwenden.

Einzel-Beispiele von Vorproben zur Untersuchung des „unlöslichen Rückstandes" auf nassem Wege:

1. Erhitzen mit konz. Säuren [1]) [H_2SO_4 konz. und mit etwas H_2O verdünnt, HCl konz., ev. auch konz. H_3PO_4]:

Die Lösung ist farblos und wird nach entsprechender Verdünnung oder Entfernung des S.-Überschusses durch NH_3 in farblosen Flocken gefällt: Al_2O_3 [2]) und Aluminate, auch Arsenate und Phosphate; farblos und durch NH_3 erst nach Zusatz von Oxalat gefällt: CaF_2 (wird übrigens durch warme 20 %ige HCl sehr allmählich gelöst).

Die Lösung bei Anwendung von HCl ist
- farblos und scheidet Hg aus: HgCl;
- grüngelb und wird durch NH_3 in braunen Flocken gefällt: Fe_2O_3 (vorhergehende Digestion mit dil. NaOH befördert die Löslichkeit in S.) [3]);
- grün; durch NH_3 in graugrünen Flocken gefällt: Cr_2O_3 und Chromate (bei deren Lösung sich Chlor entwickelt);
- schwach rötlichblau: Co-Salze (Aluminat, Stannat).

---

1) Da die Sz. bei den eigentlichen Lösungsversuchen durch S. erschöpft sein soll, so scheint hier ein Widerspruch vorzuliegen. Während indessen dort ein schnelles praktisches Solvens gesucht wurde, handelt es sich hier zunächst nur darum, genügende Spuren in Lösung zu bringen, um Anhaltspunkte zu gewinnen. Vorbedingung feinste Verreibung!

2) Auch durch genügend langes Erhitzen mit $KHSO_4$-Lösung zum Teil gelöst.

3) Fe_3O_4 löst sich ziemlich schnell in Oxal-Salzsäure bei Erhitzen unter schwach erhöhtem Druck (Verschließen des Reagensglases mit dem Daumen) oder schnell in dil. HCl, nach vorherigem Erhitzen mit H_3PO_4 (5—10′).

Fast gar nicht in HCl, stark in konz. H_2SO_4 löslich, durch Wasser wieder gefällt: Sulfate von Ba, Sr, Pb (Flammenfärbung!). Bei Gegenwart von Cr kann dieses sich $BaSO_4$ beimengen und es grün färben (ähnlich Fe[3]), ohne daß S. diese Bestandteile herauszulösen vermöchte.

Man versuche auch, ob eine charakteristisch gefärbte Sulfidfällung in der sauren Lösung zu erzeugen ist. Ob der die Unlöslichkeit oder die Färbung bewirkende Bestandteil das Anion oder das Kation ist, läßt sich ev. an dem Ergebnis der Behandlung mit alkalischen Mitteln erkennen.

2. Bei Erwärmen mit dil. Säure und Zn entsteht schwarzes Metall:

a) in konz. HCl löslich, in dieser Lösung weiße Fällung durch $HgCl_2$: SnO_2;

b) in dil. HNO_3 löslich, durch HCl gefällt: Ag-Haloide;

c) grüne Lösung: violettes sublimiertes $CrCl_3$.

Entwicklung von H_2S, HCN oder beider zugleich zeigt, daß säureunlösliche Sulfide, Cyanide oder Rhodanide vorliegen, wofür nur eine beschränkte Zahl Kationen in Betracht kommt (Ag, Cu, Hg, Sn[4]).

3. Erwärmen mit Laugen. Man filtriert und hat nach den gewöhnlichen Methoden[1]) auf Anionen der aufgeschlossenen Sz. im Filtrat, auf Kationen bald ebenda[2]), bald im N.[3]) zu prüfen. Im letzteren Fall wirkt NaOH wie die Sodaabkochung, nur stärker. Der gelöste Teil wird durch H_2S

schwarz gefällt oder gefärbt:
Blei (Sulfat, Chromat, Antimonat);
erst nach S.-Zusatz gefällt:
As-, Sb-, Sn-Vbdg.

---

[1]) Natürlich dadurch vereinfacht, daß nur Ionen säureunlöslicher Stoffe in Betracht kommen.

[2]) As, Sb, Sn, Pb, Al, Zn, Cr-Vbdgg.

[3]) Der N. kann natürlich noch alkalisch nicht aufschließbare Sz. enthalten.

Die Lösung ist gelb, wird durch konz. HCl unter Chlorentwicklung grün: Chromat (z. B. von Blei). — Durch Alkali, ja schon beim Kochen mit Soda „zur Hälfte" aufgeschlossen werden unl. komplexe Cyanide, das Kation bleibt im N. [1]), der Anion-Komplex geht ins Filtrat (Unterscheidung von $Fe^{\cdot\cdot}$-$Co^{\cdot\cdot\cdot}$-cyanid und $Co^{\cdot\cdot\cdot}$-$Fe^{\cdot\cdot}$-cyanid). Phosphor gibt PH_3-Gas (Geruch!), Si: Wasserstoff.

4. Mit H_2S-Wasser übergossen färbt sich der Rückstand

gelbrot:	schwarz:		
	schnell tiefschwarz:	langsam und weniger:	erst bei NH_3-Zusatz:
Sb_2O_5 (ebenso mit Thiosulfat)	$PbSO_4$ HgCl	$PbCrO_4$ [2]) $Pb_3(SbO_4)_2$ [2]) Halogensilber	Chromeisenstein [2])

5. Mit NH_3 schwarz gefärbt: Merkurosalz (HgCl); langsam gelöst: AgCl.

6. Gelbfärbung in der E. S.-Lösung der Boraxperle mit Molybdat, oder mit HNO_3, Molybdat und Amylalkohol (vgl. S. 152): SiO_2 und Silikate. — Betr. Phosphorsalzperle vgl. S. 25.

7. Mit $NaNO_2$ und sehr wenig H_2O färbt sich stark gelb: $PbSO_4$ (Unterschied von $BaSO_4$).

8. Wenn die Flammenfärbung des mit HCl befeuchteten Rückstandes am Pt-Draht auf Ba oder Sr hinweist, so kocht man mit konz. Sodalösung einige Minuten, dekantiert, und prüft, ob diese Lösung SO_4-haltig geworden ist mit $Ba^{\cdot\cdot}$ + HCl. Ist es der Fall, so wiederholt man Kochen mit Soda und Dekantieren, bis die Soda kein SO_4 mehr herausholt (Probe mit $Ba^{\cdot\cdot}$ + HCl). Bestand der unl. Rückstand nur aus Sulfaten, so muß er sich jetzt in S. klar lösen. Die Lösung wird geprüft auf Ba, Sr und Pb.

9. Man erwärmt mit aufgeschwämmtem HgO, das CN-Vbdgg. (ausg. $Co(CN)_6'''$) zersetzt. Das $Hg(CN)_2$ ent-

---

[1]) Als Oxyd, wenn dieses nicht auch in NaOH löslich.

[2]) Die beiden Pb-Salze sind durch gelbe Farbe ausgezeichnet; Chromeisenstein ist braun- oder schwarzgrau.

haltende Filtrat wird mit H_2S gefällt, und HCN im Filtrat vom HgS als Berlinerblau nachgewiesen. Der abfiltrierte erste Rückstand enthält neben HgO-Überschuß vorhandene Metalle als Oxyde. Sehr unlösliche einfache oder komplexe Cyanide werden aber durch HgO (auch bei Zusatz von KOH) durchaus nicht immer ganz leicht aufgeschlossen. — Cr-, Co-Vbdg. im unl. Rückstand verraten sich meist schon durch ihre Farbe.

Aufarbeitung der Sz. auf trockenem Wege. Vorproben, speziell f. d. „unlöslichen Rückstand“. Aufschließen desselben

Die Untersuchung auf trockenem Wege wird zum Teil verwandt für Vorproben (Borax- und Phosphorsalze-Perle; Erhitzen der Sz. ohne Zusatz, mit Soda vor dem Lötrohr auf Kohle oder mit Soda und Salpeter. Besondere Bedeutung als entscheidende Untersuchung hat sie für den „unlöslichen Rückstand“. Vorangehen lassen kann man dabei Vorprüfungen auf nassem Wege, die weniger Sz. und weniger Zeit beanspruchen. Wenn diese mit dem unlösl. Rückstand ausgeführt auf eine bestimmte Sz. oder Sz.-Klasse hinweisen, so benützt man gleich den geeigneten Aufschluß. Andernfalls wendet man nacheinander die unten angegebenen Aufschluß-Verfahren an und prüft jedesmal eine winzige Menge [1]) der Schmelze, ob sie sich in W. oder S. oder Lauge ganz löst oder ob nach Ausziehen mit der einen Flüssigkeit (Probe auf Gehalt!) der Rest sich in der anderen löst [2]) oder ob die Sz. dem Augenschein nach von Grund aus verändert worden ist, z. B. daran kenntlich, daß sie vorher von dichter, körniger Beschaffenheit, jetzt mit Säure „zerfällt“, z. B. unter Abscheidung flockiger Bestandteile (Silikate). — Wenn die Sz. nicht durch Glühen schon in W. oder S. löslich geworden ist (Rösten der Sulfide), schmilzt man sie zunächst mit trockener Soda, danach ev. einen Teil (etwa 1/3 der Sodaschmelze) erneut unter KNO_3-Zusatz

[1]) ➡ Besonders sparsam durchführbar sind solche Probeschmelzen als Perl-R'en am Pt-Draht. (S. 24, A. 3.)

[2]) Beispiele für Aufschluß mit Soda: $BaSO_4$, AgCl; mit Soda-Schwefel: Bleiantimonat; mit Soda-KNO_3: Sulfide, Cr-Eisenstein.

einen zweiten mit KCN oder K-Oxalat, einen dritten unter Zusatz von Schwefel. War die alkalische Behandlung erfolglos, so schmilzt man mit $K_2S_2O_7$, und zwar entweder eine neue Probe oder die vorher unaufgeschlossen gebliebene Probe nach Extraktion der alkalischen Salze mit H_2O. Manchmal begünstigt die kombinierte Folge alkalischer und saurer Behandlung den Aufschluß (Fe_2O_3, Fe_3O_4, Spinelle, Co-Blau).

Aufschluß-Technik

Möglichste Feinheit des Materials erste Bedingung. 5—6fache Menge des Aufschlußmittels genügt in der Regel. Man verfährt am besten nach dem Prinzip umgekehrten Reagenszusatzes. Temperatur langsam steigern (Bunsenbrenner, Brausebrenner, Gebläse). In der Regel sind 10—15′ ausreichend. Beendigung der R. nicht immer leicht erkennbar. Bei Silikat-Sodaschmelze oft am Aufhören der CO_2-Entwicklung auch nach erneutem Sodazusatz. — Unaufgeschlossene Mengen müssen einer neuen Schmelzung ev. nach erneuter sorgfältiger Zerkleinerung und unter Wechsel der Methode unterworfen werden.

Die Schmelze löst sich oft, auch in S., recht langsam (z. B. bei Bisulfatschmelze); man verzichte darauf, sie durch übermäßigen S.-Zusatz oder heftiges Kochen beschleunigen zu wollen, überlasse es vielmehr der Zeit bei gleichzeitiger guter Zerkleinerung und häufigem Rühren oder Schütteln. Bei sehr schwer aufschließbaren begnüge man sich, wenn auch anfangs nicht die ganze, sondern nur eine analysierbare Menge aufzuschließen gelingt. Es bleibt dann nur die Aufgabe ob der bleibende ungelöste Rest noch etwas anderes enthält.

1. **Glühen der Sz.** ohne Zusätze, als Aufschluß unlöslicher, verbrennlicher oder thermisch dissoziierbarer Stoffe aller Art z. B. für org. Sz. [1]) (völlig entwässertes, sehr

---

[1]) Zum Zerstören größerer Mengen org. Sz. dienen mit Vorteil, sparsam und nach S. 24, Akg. 3 mit Vorsicht anzuwendende starke Oxydationsmittel wie $KClO_3 + HCl$, oder H_2O_2 (auch PbO_2) mit Zusatz von konz. H_2SO_4 oder HNO_3.

langsam lösliches, K_4FeCy_6); für C [1]), S, P, As, Si, B; für Sulfide, die durch dieses „Rösten" in die viel leichter löslichen Oxyde übergehen; für AgCN, das unter CN-Verlust in Ag übergeht. Auf die jeweils entweichenden Gase und andere Erscheinungen ist besonders zu achten.

Der unl. R. ist z. B. weiß und färbt sich bei Erhitzen braungelb: SnO_2; weiß, sublimiert, wird durch NH_3 schwarz: HgCl; das Sublimat ist gelb: Schwefel; grau (aus violettem Dampf): Jod.

2. **Schmelzen mit neutralen indifferenten Mitteln.**

Als Vorprobe: a) Perl-Reaktion [2]). Vgl. S. 25.

b) Erhitzen mit alkalifreiem $CaSO_4$ am Pt-Draht zur Erkennung von Alkalien in Silikaten durch Flammenfärbung.

Als Aufschluß kaum in Anwendung: Schmelzen mit NaCl führt Ag-halogenide in H_2O-lösliche Komplexe über [3]), die erst durch viel Wasser wieder gespalten werden. Die dann frisch gefällten N'e sind leichter l. als die gealterten.

3. **Schmelze mit neutral oxydierenden Mitteln:** Zum Nachweis unlöslicher C-haltiger Sz. sind die üblichen, Soda und damit C enthaltenden Aufschlußmittel (vgl. unten) natürlich nicht brauchbar. Als C-freies oxydierendes Aufschlußmaterial, dessen Base das bei Verbrennung gebildete CO_2 auch in der Hitze festhält, können dienen Alkali- oder Ba-Nitrate, Chlorate oder (carbonatfreie) Superoxyde, z. B. BaO_2. Gewöhnliche amorphe Kohle, die verpuffen würde, soll durch Glühen nach 1 entfernt sein. Auch sonst ist Vorsicht angebracht. Man muß die erkaltete Masse mit H_2O aufweichen und bis zum Verschwinden der alkalischen Reaktion auswaschen, um das Aufbrausen des ev. gebildeten $BaCO_3$ mit HCl deutlich zu erkennen. Nachweis von C als Berlinerblau vgl. C. 17, 1, 811. — S, P, Si, B, As und die meisten der durch Sodasalpeter aufgeschlossenen Stoffe werden natürlich ebenfalls in Alkali-

---

[1]) Graphit verbrennt nur beim Erhitzen im O_2-Strom im Pt-Tiegel oder bei Erhitzen mit Nitrat + Chlorat.

[2]) Borax und P-Salz reagieren zwar alkalisch, wirken aber hier als neutrale Salze.

[3]) Beste Methode, AgCl bei der quantitativen Analyse aus den Tiegeln zu entfernen.

oder Ba-Salze ihrer Sauerstoffsäuren übergeführt[1]), als welche sie leicht in üblicher Weise erkennbar sind.

4. **Schmelze mit neutral reduzierenden Mitteln:** Erhitzen der Sz. mit Mg oder Al[2]) reduziert alle Kationen und Anionen weitgehend, und verändert die letzteren dabei so stark, daß die R. als Vorprobe für das Vorkommen mancher Nichtmetalle im allgemeinen, unabhängig von ihrer Verbindungsform, brauchbar ist, besonders im unlöslichen Rückstand. Außerdem wichtig zu schneller Erkennung der Alkalien in Silikaten (Flammenfärbung des mit HCl angesäuerten H_2O-Extraktes des Glührückstandes).

5. **Alkalisch indifferenter**[3]) **Aufschluß.**

A. Sodaschmelze[4]) schließt auf in H_2O und wäßrigen Lösungen „unlösliche" Säuren (SiO_2) und amphotere Oxyde (Al_2O_3) und Elemente (Si, As) und Nichtelektrolyte (Ferrosilicium, SiC[5]), BN[6]) u. a.) und viele, aber durchaus nicht alle Salze, die nur durch doppelte Umsetzung, ohne Oxydation oder Reduktion überführbar sind in wasserlösliches Na-Salz und ev. daneben säurelösliches Carbonat oder — unter CO_2-Verlust — Oxyd oder — unter weiterem Verlust von O_2 — in Edelmetall (Ag). Beispiele: **Sulfate** von Ba, Sr, Pb. — Ag-halogenide — SiO_2 und **Silikate.** — Fluoride schließt man besser mit konz. H_2SO_4 auf. — Durch Mitwirkung des Luftsauerstoffs bekommt die Sodaschmelze

[1]) Diese Elemente werden zwar durch die bereits vorher angewandte oxydierende S. angegriffen, aber langsam.

[2]) Verläuft die R. zu heftig, so „verdünnt" man die Metalle mit ihren Oxyden.

[3]) Starken Reduktionsmitteln (Metallen) gegenüber wirkt die Sodaschmelze oxydierend (Chem. Z. 1910, 78).

[4]) Um leichtere Schmelzbarkeit (bei niedrigerer Temperatur) zu erzielen, pflegt man ein, gewöhnlich molekulares, Gemisch von K- und Na-Salz zu verwenden. Für schwerer Aufschließbares nimmt man besser Na_2CO_3 allein, dem man bisweilen noch Zusätze beigibt, um die Temperatur des Schmelzflusses weiter zu steigern. — Zur Prüfung auf Alkalien können auch die Carbonate, Nitrate oder Oxyde anderer Me. (Ca, Ba, Pb, Bi) dienen, wobei zugleich höhere Temperatur des Schmelzflusses erzielt wird.

[5]) Der Kohlenstoff der Karbide wird bei Sodaaufschluß als solcher frei, entgeht aber der Wahrnehmung, da er zu CO_2 verbrennt.

[6]) BN mit K_2CO_3 erhitzt, gibt K-Borat und -Cyanat (bei BN-Überschuß KCN).

stets etwas oxydierende Wirkung, z. B. auf Cr- und Mn-Vbdgg. (nicht auf Sulfide, die auch der doppelten Umsetzung mit Soda überhaupt wenig zugänglich sind). — Man prüft zunächst einen Heiß-Wasser-Extrakt der Schmelze (gelbe Farbe deutet auf Cr, grüne auf Mn.

a) Ist SO_4 vorhanden, aber kein Silikat, so muß das beim Schmelzen entstandene Alkalisulfat durch weitere H_2O-Extraktion ganz herausgelöst werden (Probe mit $Ba^{\cdot\cdot}$). [Dieser Extrakt ist auch auf sonstige Anionen (CrO_4, MnO_4, AlO_2) zu prüfen.] Erst dann darf HCl zugesetzt werden, um den H_2O-unlöslichen Teil der Schmelze zu lösen, weil sonst sofort unlösliches Sulfat zurückgebildet würde. Mit HCl ungelöst Zurückbleibendes kann neben unaufgeschlossenen Anteilen der Ursubstanz Ag-Metall enthalten, das durch HNO_3 in Lösung gebracht und identifiziert wird, z. B. als in Säure und NH_3-unlösliches Jodid oder Ferrocyanid. — Die HCl-Lösung wird, wie üblich, auf Kationen und Anionen geprüft.

b) Enthält der H_2O-Extrakt Silikat (Nachweis mit Mo S. 152) und kein SO_4, so wird die Schmelze direkt mit HCl (20 %) „aufgenommen" und durch wiederholtes [1]) Abrauchen mit HCl die abgeschiedene Kieselsäure in unlösliche Form übergeführt und von der Lösung der Chloride durch Filtrieren geschieden. Die HCl-Lösung wird, wie üblich, auf Kationen und Anionen untersucht. Die abgeschiedene Kieselsäure wird durch Abrauchen mit NH_4F und etwas H_2SO_4 auf Reinheit geprüft. Ein dabei bleibender Rückstand könnte Ag enthalten [Nachweis vgl. a)] oder bei zu starkem Eindampfen und Säuremangel unlöslich gewordene Oxyde (Fe, Al), möglicherweise aber auch unaufgeschlossene Ursubstanz (Knirschen beim Rühren mit dem Glasstabe).

c) Ist Sulfat und Silikat vorhanden, so entfernt man zuerst SO_4 nach a und behandelt dann nach b.

---

1) Es wird meist vorgeschrieben zur Sicherheit 2—3 mal einzudampfen. Wenn man den beim erstenmal erhaltenen Abdampfrückstand mit HCl aufnimmt, filtriert und beim Eindampfen einer kleinen Probe des Filtrats zur Trockne einen völlig klar in H_2O oder HCl löslichen Rückstand erhält, ist ein mehrfaches Abdampfen unnötig.

d) Ist weder SO_4 noch Silikat vorhanden, so prüft man die HCl-Lösung der Schmelze, wie üblich, auf Kationen und Anionen. Ein HCl-unlöslicher Rückstand kann enthalten Ag (vgl. a) oder unaufgeschlossene Ursubstanz.

Glatter und vollständiger als durch Sodaschmelze werden manche unlösliche Rückstände auf folgende Weise aufgeschlossen:

B. Schmelzen mit festem NaOH[1]) im Silbertiegel für Gemische von $SnO_2 + Sb_2O_5$ (beim Behandeln der Schmelze mit H_2O wird nur Sn gelöst, $Na_2H_2Sb_2O_7$ bleibt unlöslich zurück). Außerdem brauchbar z. B. für B, Si und SiC, die unter H_2-Entwicklung übergehn in Silikat, Borat, Carbonat; für BN ($\rightarrow NaBO_2 + NH_3$).

6. **Alkalisch reduzierende Behandlung.**

Als allgemeine Vorprobe besonders zur Erkennung von Kationen, durch Isolierung der Metalle: Erhitzen mit trockener Soda oder (unter d. Abzug) mit KCN auf Kohle vor dem Lötrohr:

weiße Flitter	bei	Anwesenheit	von	Zinn, Silber,
rote Flitter	„	„	„	Kupfer,
graue Pulver	„	„	„	Eisen, Kobalt, Nickel,
grauweiße, weiche Körner	„	„	„	Blei, Kadmium,
spröde Körner	„	„	„	Antimon, Wismut,
Verpuffung	„	„	„	Chlorat, Nitrat u. a. Oxydationsmitteln,
Knoblauchgeruch	„	„	„	Arsen,
grüne Schmelze	„	„	„	Chrom,
weiße ungeschmolz. Masse	„	„	„	alkalischen Erden u. Erden[2]),
Hepar-R.	„	„	„	Schwefel-Vbdgg.

1) ➡ Gefährdung der Augen durch Spritzer von schmelzendem Ätzkali! Schutzbrille!!

2) Bei erneutem Glühen mit wenig Kobaltnitratlösung sich färbend

	Al Si	blaugrün	Zn	schmutziggrün	rosa
bei Gegenwart von . .	blau	Sn	grün	Sb[3]	Mg
„ „ „	B P				

Die Hepar-R. besteht in der Bildung eines braunschwarzen Fleckes von Ag_2S, wenn man die Schmelze mit einem Wassertropfen auf blankes Silber bringt. — Behandlung der erhaltenen Me. auf Uhrgläsern mit Lösungsmitteln und Reagenzien kann weitere Aufschlüsse geben. Bei Anwesenheit vieler Me. nebeneinander ist die Bedeutung der R. naturgemäß geringer. Praktische Ausführung: 1. Man mischt die Sz. mit trockener Soda oder KCN [1]), bringt in eine am Ende eines Holzkohlestücks gebildete linsenflache Grube, und erhitzt mit dem Gebläse eines Lötrohrs oder einer Gaslampe bis zum Schmelzen, wobei mit wechselnder Schnelligkeit Eintreten der R. am Aufglühen und Flammenbildung (CO) zu bemerken ist. 2. Methode mit Kohlesodastäbchen. Man benützt ein Filterpapierband (Größe = $^1/_2$ Längsseite dieses Buches) spiralig fest zusammengerollt, mit schmelzender Soda bestrichen — man nimmt dazu einen möglichst großen Kristall —, an der Spitze mit wenig eines steifen Breis von trockner Soda + Substanz + sehr wenig Wasser versehen und erhitzt in der Bunsenflamme. Die beim Verbrennen des Papiers entstehende sehr reine Kohle [2]) besorgt die Reduktion, unterstützt durch die Flammengase. 3. Erhitzen mit trockner Soda + KCN [1]); Spiegelbildung bei Ausführung im Glührohr: braun durch As, schwarz durch Sb, grau und zu Tröpfchen zusammenfließend durch Hg. Arbeitet man im Tiegel, so bleiben nach Extraktion mit H_2O ev. nicht flüchtige Metallkörner zurück. CNS'-Gehalt im H_2O-Extrakt zeigt Schwefelmetall an.

7. **Alkalisch oxydierende Behandlung.**

a) Als Vorprobe: Bei dem beschriebenen Lötrohrversuch auf Kohle verläuft schon nebenher eine Oxydation durch Einwirkung des Luftsauerstoffes bei hoher Tempera-

---

Natürlich können diese Farben verdeckt werden durch die schwarzen Oxyde anderer Me. Auch überschüssiges Co-Salz wird erst blau (wasserfrei), dann schwarz (Co_3O_4).

[1]) Auch Oxalat oder Formiat + Alkali. — Erhitzen von KCN nur im Abzuge!!

[2]) Gewöhnliche Kohle enthält nicht selten Schwefel.

tur. Durch entsprechende Gestaltung der Gebläseflamme bei Zutritt von viel Luft kann diese Oxydation begünstigt werden. Man erhält um die Grube herum Beschläge auf der Kohle von Metalloxyden, und zwar nach dem Erkalten gefärbt:

weiß durch Zn, Sb, As (in dieser Reihe von der Grube entfernt),
gelb durch Bi, Pb,
blaßgelblich durch Sn,
orange bis braunrot durch Cd,
weiße Beschläge bei starkem Erhitzen auch durch manche Alkalisalze (Jodide, Bromide) sowie von Chloriden der Schwermetalle, die sich aus ihren Oxyden und Alkalichlorid bilden können.

Die noch heiße Masse zeigt die Farben vertieft, Weiß in Gelb, Gelb mehr nach Rot hin.

b) Als Aufschluß: Beim Schmelzen mit Soda und KNO_3 oder $KClO_3$ wird erkannt Mn durch Grünfärbung, Cr durch Gelbfärbung der Schmelze und aus ihr hergestellter H_2O-Lösung. Um gelbes Chromat neben grünem Manganat zu erkennen, entfärbe man dieses durch Alkohol und filtriere von ausgeschiedenem $Mn(OH)_4$ ab.

Besonders geeignet zum Aufschließen unlöslicher Sulfide und Cr^3-Vbdgg. (Cr_2O_3, $CrCl_3$ subl., Cr-haltige Spinelle wie Cr-Eisenstein). Der H_2O-Extrakt der Schmelze enthält Alkalisulfat oder Chromat, der in S. zu lösende Rückstand die Metalle als Carbonate (oder Oxyde). Verwendbarkeit zur Zerstörung organischer Sz. [1]) und in vielen anderen Fällen, wo Elemente in höhere saure Verbindungsformen bzw. deren lösliche Alkalisalze überführbar sind (As, Si, B, Arsenide, Silicide usw.). BaO_2 als C-freies Aufschlußmittel für Graphite und Karbide (z. B. SiC). C-Nachweis als Berlinerblau C. 1917, 1, 811. Oxydierende Boraxperle vgl. S. 156, A. 1.

---

1) ➡ Die Oxydation erfolgt zuweilen mit explosionsartiger Heftigkeit, daher Vorsicht.

8. **Geschwefelte alkalische Schmelze für As-, Sb-, Sn-Vbdgn.,** z. B. SnO_2, SnS_2, Bleiantimonat. (Oxydierend für Metalle, reduzierend für Anionen wie NO_3; ClO_3.) Man schmilzt mit Soda und Schwefel (1 + 1) im Porzellantiegel mit aufgelegtem Deckel [1]). Ist aller überschüssige Schwefel verbrannt, so zieht man mit H_2O aus und hat als Sulfosalz gelöst alles vorhandene As, Sb und Sn. Die übrigen Metalle bleiben als Sulfide, alkalische Erden als Carbonate im Rückstand, werden in S. [2]) gelöst und nach dem üblichen Gang analysiert, wobei nur die Extraktion des H_2S-Niederschlages mit $(NH_4)_2S$ fortfällt. Die H_2O-Lösung kann enthalten neben ursprünglich vorhandenen oder durch die alkalische Schmelze entstandenen Anionen (Silikat, Aluminat, PO_4 aus dem sehr schwer lösl. Zinnphosphat) etwas Kupfer und Nickel, während andere Bestandteile dabei flüchtig gehen können, z. B. CN- und N-haltige Anionen, Hg; auf schwefelhaltige Anionen kann die Schmelze natürlich nicht geprüft werden. Die wäßrige Lösung wird genau so untersucht wie der $(NH_4)_2S$-Extrakt des H_2S-Niederschlages im Analysengang.

9. **Sauer-indifferente Behandlung.** Erhitzen mit $KHSO_4$ oder $K_2S_2O_7$ oder $(NH_4)_2SO_4$ („Schwefelsäure in fester Form"). Als Aufschluß für Oxyde und Doppeloxyde 2- und 3wertiger Metalle (Spinelle). Die Wirkung gleicht der von H_2SO_4 bei ihren Siedepunkt übersteigender Temperatur. Daher anwendbar wie jene, z. B. auch für Komplexcyanide, Fluoride [3]) u. ä. (nicht für Silikate). Wegen starken Schäumens Tiegel nur zu $^1/_3$ füllen. Die Schmelze löst sich nur langsam in H_2O, etwas schneller in dil. HCl.

10. **Saure Oxydations- und Reduktionsschmelzen** finden kaum Anwendung; bei Bedarf wären sie leicht herstellbar

---

1) Man setzt wohl am besten Schwefel der fertigen Sodaschmelze zu. — Mäßiges Erhitzen genügt; auf keinen Fall vor dem Gebläse!

2) Da sich viele Sulfide in HCl schwer lösen, wird man HNO_3 verwenden und diese Lösung dann durch Abdampfen mit HCl in die gewünschte salzsaure verwandeln.

3) Bei Gegenwart von Fluoriden setzt man zweckmäßig SiO_2 zu, um gleich SiF_4 zu verflüchtigen.

($KHSO_3$! $KHSO_4 + KNO_3$). Die $KHSO_4$-Schmelze allein wirkt starken Reduktionsmitteln (z. B. Metallen) gegenüber oxydierend: SO_2 entweicht. Die saure Aufschließung des sehr schwer aufschließbaren eisenhaltigen Al_2O_3 wird durch Zusatz von Reduktionsmitteln gefördert.

11. **Für Silikate zur Untersuchung auf Alkalien:**

a) Schmelze mit NH_4Fl. Sehr langsam erhitzen, dann Zusatz von wenig H_2SO_4 und stärker glühen.

b) Erhitzen mit $NH_4Cl + CaCO_3$ (1 + 8) und Ausziehen der Alkalien und einer Spur Ca-Salze mit H_2O nach Lorenz Smith.

c) Schmelze mit B_2O_3 nach Jannasch. Vorzüglicher Aufschluß für sehr schwer zersetzbare Silikate. Pflegt aber, weil umständlich, nur quantitativ verwandt zu werden. Einzelheiten vgl. in J's Lehrbuch.

Diese Aufzählung sei vervollständigt durch die der gasigen Vorbehandlung der Sz., obwohl sie besondere Apparate erfordert und nur in der quantitativen Analyse angewendet zu werden pflegt:

Erhitzen im indifferenten Gasstrom: H_2O-Dampf; CO_2 (zum Ausschluß oxydierenden Luftsauerstoffs).

„	„	sauren	Gasstrom:	HCl,
„	„	oxydierenden	„	Cl, Br, O,
„	„	reduzierenden	„	H,
„	„	sauren, oxydierenden	„	HCl + Cl,
„	„	„ reduzierenden	„	H_2S + HCl.

Prüfungen außerhalb des Analysengangs

Der Analysengang wird durchgeführt mit einer irgendwie aus der Ur-Sz. mit mannigfachen chemischen Mitteln hergestellten Lösung. Seine Ergebnisse klären daher nur darüber auf, daß aus der Ursubstanz durch die angewandten Reagenzien die nachgewiesenen Kationen entstanden sind, nicht immer dagegen über den Zustand, in dem die jene Ionen bildenden Elemente in der Ur-Sz. vorhanden sind (Fe als Metall, Oxyd, Carbonat, Karbid; Silicium als Element, SiO_2, Silikat, Silicid u. ä.). Auskunft auch hierauf zu erhalten, ist man angewiesen auf Prüfungen außerhalb des Analysenganges, wozu vor allem das Verhalten gegenüber Lösungs- und Aufschlußmitteln zu rechnen ist, außerdem die sog. Vorprüfungen u. ä. Solchen Prüfungen außerhalb des Ganges vorbehalten bleiben Feststellungen über Bindungsweise der Ionen in Gemischen, Oxydationsstufen, Anwesenheit freier Elemente (B, C, P, S, J, Metalle) und Nichtelektrolyte (Silicide, Karbide, Phosphide von Metallen, Halogenide und Sulfide von Nichtmetallen), Prüfung auf freie Basen und Säuren, H_2O_2, NH_3, N_2H_4 NH_2OH und schließlich die gesamten Anionenprüfungen. Im Rahmen dieses Buches kann nur einiges hierher gehörige besprochen werden, um so mehr, als einzelne der fraglichen Feststellungen, besonders wenn Gemische von Elementen, unlöslichen Elektrolyten und Nichtelektrolyten vorliegen, erheblichen, nicht immer leicht überwindlichen Schwierigkeiten begegnen, und solche Fälle in der Schulanalyse wenig berücksichtigt zu werden pflegen.

Nachweis von Oxydationsstufen

Es muß festgestellt werden, an welche der in der Analyse gefundenen Bestandteile oxyd. oder reduz. Wirkung gebunden ist, ob an Kationen oder Anionen [1]) und an welche. Wenn nur einer der vorhandenen Bestandteile in wechselnder Valenz auftreten kann, ist das zumeist einfach, besonders dann, wenn das betr. Element in verschiedener Wertigkeit einmal base-, einmal säurebildend auftritt (Cr), und wenn eine im Gegensatz zur andern ausgesprochen oxydiert oder reduziert. Hier genügen oft die in der folgenden Tabelle links stehenden „allgemeinen" R'en zur Charakterisierung. Schwierigkeiten entstehen, da neben einer noch andere oxydierende oder reduzierende Sz'en (z. B. ein und

---

1) Zur Entscheidung dieser Frage wiederholt man die Prüfung auf Oxydations-R'en mit der Sodaabkochung der Sz. Unsicherheit dabei vgl. S. 61 unten).

dasselbe Element in zwei Stufen) vorhanden sein können. Man muß dann auf eine Trennung durch Lösungsmittel hinarbeiten oder nach besonderen R'en der betr. Oxydationsstufe suchen, wie sie rechts in der Tabelle stehen. Nebenreaktionen mit dem Lösungsmittel, die Bildung anderer N'e und Färbungen können sich hier besonders störend bemerkbar machen. Reduktion und Oxydation können sich innerhalb der Analysensubstanz aufheben. — Zum Nachweis der einen Oxydationsstufe kann natürlich auch benutzt werden das Eintreten der R. der anderen Stufe erst nach erfolgter Oxydation oder Reduktion.

Säuren und Basen. Die Indikator-Nachweise versagen a) neben Salzen, die infolge Hydrolyse auf Lakmus reagieren, b) wenn B. oder S. so unlöslich sind, daß eine Indikator-R. ausbleibt [1]), c) wenn Indikator-R'en auftreten durch Umsetzungen wie in Bd. I geschildert. — An einigen Beispielen sei gezeigt, welche Gegenmittel in solchen Fällen wirksam sind: 1. KOH neben Pottasche [2]) oder Seife durch alkalische R. des Alkohol-Extraktes. 2. Na_2CO_3 neben $NaHCO_3$ durch Phenolphthalein-Rötung (auch bei Kochsalz-Zusatz). 3. Alkalihydroxyd neben Karbonat, Sulfit, Cyanid u. ä.: a) durch Fällung von braunem Ag_2O aus $AgNO_3$; b) alkalische R. des Filtrats einer heißen Ba- oder Ca-Fällung kann herrühren von OH, SH, CN. Weitere Fällung mit $HgCl_2$ trennt OH und SH (die im N'e trennbar sind durch E. S.) von gelöst bleibendem Cyanid. 4. CdO neben $CdCO_3$ durch alkalische R. eines wäßrigen, mit $CaCl_2$ hergestellten Breis. 5. Freies Alkali neben Borax durch alkalische R. nach Zusatz von reichlich Glyzerin. 6. H_2SO_4 neben $ZnSO_4$ durch Rötung von Methylorange. 7. Mineral-S. neben E. S. mit Fuchsin. 8. $KHSO_4$ neben Alaun durch saure R. nach Überführung des Alauns in eine neutral reagierende Vbdg. durch Zusatz von Alkalifluorid

---

1) Immerhin ist an einem mit sehr wenig H_2O hergestellten Brei der Sz. (auf Uhrglas) alkalische R. bei MgO, PbO (neben PbO_2 und Pb_3O_4) u. ä., saure bei SnO_2 und Sb_2O_5 deutlich zu erkennen.

2) Auch mit „umgekehrtem Neßler"-Reagens. Versagt neben Seife.

As^{3}	entfärbt $KMnO_4$ und in bicarbonat- alkal. Lösg. Jod. Gelbes Ag-Salz, dessen NH_3-Lösg. bei Erwärmen Ag ausscheidet.	Flüchtigkeit aus heißer HCl-Lösung. Reduziert Cu•• in NaOH-Lösung. — Pb-Salz l. in Essigsäure.
As^{5}	macht J u. S frei in saurer Lösung aus ihren H-Vbdgg.	Schwer, bzw. nicht flüchtig. Schwer fällbar durch H_2S. — Gibt die PO_4-R. (mit Mo in H_2SO_4-Lösung). — Braunrot. Ag-Salz. Pb-Salz unl. i. Essigsäure.
Sb^{3}	wie As^3. Sb_2S_3 klar l. i. S.; prakt. unl. in dil. NH_3. Fällt aus heißer Lösg. in K_2CO_3 bei Erkalt. wieder aus.	Löslichkeit der Vbdgen (spez. Oxyd) in HCl, Alkalien, Weinsäure und Tartraten. Der KOH-Extrakt reduziert $AgNO_3$-NH_3. Lösg.: Ag Metall.
Sb^{5}	wie As^5. — Sb_2S_5 l. i. S. unter Abscheidung von S; l. i. stärker. NH_4OH. Bleibt auch in erkalt. K_2CO_3-Lösg. gelöst.	Schwerlöslichkeit vieler Vbdgen (Oxyd) in S. und Tartraten. Überführung in $K_2H_2Sb_2O_7$.
Sn^{2}	reduziert Hg- und As-Vbdg. in saurer, Bi- (und Pb-) Vbdg. in alkal. Lösung. Entfärbt J und $KMnO_4$.	Löslichkeit der Vbdgen in Wasser oder S. Braunes Sulfid, unlösl. in Alkalimonosulfid.
Sn^{4}	zeigt keine oxydierenden Eigenschaften.	Fällung mit Alkali- oder NH_4-Sulfat od. Nitrat durch Hydrolyse. Unlöslichkeit v. SnO_2, Gelb. Sulfid, l. i. Alkalimonosulfid. — Durch Fe reduz. zu Sn^2.
Hg^{1}	entfärbt J und $KMnO_4$.	Schwarzfärbung durch NH_3 u. NaOH. Unlöslich. Chlorid. Grüngelbes Jodid.
Hg^{2}	macht kein J frei. Oxyd. $SnCl_2$ (→ HgCl).	Mit NH_3 weiße Fällungen. NaOH fällt gelb. KJ gibt rotes HgJ_2 (auch mit unlösl. Salzen wie $HgClNH_2$).
Pb^{2}	reduz. $KMnO_4$ bei Geg. v. ZnO: PbO_2 + MnO_2.	Fällung von schwarzem PbS aus alkalischer Lösung.
Pb^{4} (PbO_2)	oxydiert Mn in saurer Lösung (zu $HMnO_4$). oxydiert Cr in alkal. Lösung (zu CrO_4''). Bläut KJ-Stärke beim Schütteln.	Schwarzbraune Farbe, nichtl. in HNO_3, und in Alkali, ganz in konz. HCl u. konz. heißer E. S. u. in HNO_3 + Redukt. Mittel (Nitrit. Oxalat, H_2O).
Pb_3O_4	analog. PbO_2. Macht deutlich J frei erst nach Zusatz von HCl.	Rote Farbe, löslich wie PbO_2; aber auch bei Abwesenheit von Redukt. Mitteln in HNO_3, zum Teil löslich, wobei PbO_2 hinterbleibt.
Fe^{2}	entfärbt $KMnO_4$, in saurer Lösung. Jod in E. S.-Lösung.	Blaubildung mit K_3Cy_6Fe. Allmählich auch mit K_4Cy_6Fe. Weißes Hydroxyd schnell durch Oxydation verfärbt, Phosphat l. in Essigsäure.

Fe^{3}	macht J frei in saurer Lösung	Blaubildung nur mit K_4Cy_6Fe. Dunkelbraun mit K_3FeCy_6. Braunes Hydroxyd, Phosphat unl. in Essigsäure. Mit löslichen Rhodaniden und HCl starke Rötung.
Cr^{2}	reduziert und löst PbO_2 und MnO_2 in alkal Lösung (vgl. oben).	Grün oder Violett. Amphoter (vorwiegend Kationenbildner). Fällbar durch Soda, oder NH_3.
Cr^{6}	macht aus HCl Chlor frei.	Gelb oder rot. Anionenbildner. Unl. Salze (Pb, Ba). Mit H_2SO_4 und H_2O_2 Blaufärbung.
Mn^{2}	entfärbt $KMnO_4$ + HNO_3 durch PbO_2, oxydiert i. saur. Lösg.: $HMnO_4$	In Wasser oder Essigsäure l. Salze. Weißes, an der Luft schnell braun werdendes Hydroxyd.
Mn_2O_3	Geben mit konz. HCl Chlor, bei KJ-Zusatz Jod. Oxydieren in HNO_3-Lösung Oxalsäure unter gleichzeitiger Lösung.	Unl. i. Wass., z. Hälfte i. HNO_3 (braun bis schw., ganz l. i. konz. HCl!)
Mn_3O_4		Unl. i. Wass., zu $^2/_3$ l. in HNO_3 (braun bis schw., ganz l. i. konz. HCl!)
MnO_2		Unl. in Wasser und HNO_3 (braun bis schw., ganz l. i. konz. HCl!)
Mn^{6}	stark oxydierend.	Grüne Farbe. Mit Säuren Umschlag in Violett.
Mn^{7}	starke Oxyd-Wirkung in saurer, neutraler und alkal. Lösung.	Violette Farbe. Explosib. mit konz. H_2SO_4.
Co^{2}	reduziert nur in alk. Lösg., z. B. J, H_2O_2.	Wechs. d. Farbe d. Salze blau → rot.
Co^{3}	Co_2O_3 erhitzt: O_2; mit HCl: Cl_2; oxyd. Oxals. zu CO_2; l. i. Eisessig. Alles wie PbO_2, auch in Farbe.	Außer Oxyd nur Komplex-Vbdgg.: Cyanid-, Nitrit- und NH_3-Komplexe.
Cu^{1}	entfärbt $KMnO_4$. Salze farblos, CuJ unl. in NH_3 bei Abwesenheit von Luft.	Cu_2O rot, Cu_2S schwarz; dil. H_2SO_4: $CuSO_4$ + Cu-Metall. — Bei Gegenw. von Luft mit NH_3 oder HCl blaue bzw. braune Lösung.
Cu^{2}	macht Jod frei.	Salze blau oder grün. CuO und CuS schwarz. Ferrocyanid rotbraun. Mit NH_3: tiefblaue Lösungen.

oder Oxalat. 9. Analog HCl neben $HgCl_2$ durch NaCl. 10. H_2PO_4', HPO_4'' und PO_4''' nebeneinander:

a) in löslichen Alkalisalzen: primär neben sekundär durch die saure R. und den PO_4-Gehalt des Filtrats der heißen Ba-Fällung; sekundär neben primär durch die Fällbarkeit mit alkalischen Erdsalzen; tertiär neben sekundär durch starke Rötung [1]) von Phenolphthalein auch nach Zusatz von NaCl; sekundär neben tertiär durch die saure R. und den PO_4-Gehalt des Filtrats der kalt erzeugten Ba-Fällung;

b) in den unlöslichen Ca-Phosphaten: 1. Versetzt man mit K-Oxalat, NaCl etwas Wasser und Phenolphthalein, so zeigt Rötung beim Stehen $Ca_3(PO_4)_2$ an. 2. Übersättigt man die Lösung in S. mit NH_3, so zeigt PO_4-Gehalt des Filtrats $CaHPO_4$ an. In Ammonzitrat ist dieses löslich, jenes nicht.

Säuren, saures- u. Neutralsalz, oder Base, basisches u. Neutralsalz nebeneinander nachzuweisen ist oft kaum möglich.

NH_4-Vbdgn. werden nachgewiesen durch das bei Zusatz von Natronlauge oder $Ca(OH)_2$ freiwerdende NH_3. Erkennung am Geruch oder durch Indikatoren. Das Papier muß sich gleichmäßig färben (einzelne Flecken ev. durch spritzende Lauge). Man verrührt die Sz. daher besser im Becher mit $Ca(OH)_2$ und Wasser zu Brei und deckt ein Uhrglas mit anhaftendem feuchtem Lakmuspapier darüber. $HgClNH_2$ entwickelt NH_3 erst bei Erwärmen mit Kali. Manche Cyan-Vbdgn., besonders Cyanate, entwickeln ebenfalls mit Lauge etwas NH_3 [2]). — Neßlers-R. ist, weil überscharf, nur mit Vorsicht zum Nachweis brauchbar, bei Gegenwart von Alkalicyaniden bleibt sie aus.

H_2O und NH_3 entsprechen die Verbindungen:

HO—OH Wasserstoffsuperoxyd (entspr. HO—H).
$H_2N—NH_2$ Hydrazin (.. $H_2N—H$),
$H_2N—OH$ Hydroxylamin [= H(NH)—OH].

H_2O_2 kennzeichnet sein Zwitter-Charakter als Oxydations- und Reduktionsmittel. Häufiger als Oxydationsmittel. bald in saurer. bald in alkalischer Lösung. [Bleichwirkung; macht Jod frei; Oxydation von NH_3 zu Stickstoff; Fällung

---

[1]) Bei Gegenwart von Karbonat u. ä. natürlich nicht beweiskräftig.

[2]) Gegenmittel: Ausfällg. derselben mit Cu•• oder Überführung in $Hg(CN)_2$. Cyanat durch Säure zerstört (→ CO_2).

schwarzer Superoxyde aus Pb-, Co-Salzen; beim Kochen mit Katalysatoren [1]), Hypochlorit, unechten Superoxyden Sauerstoffentwicklung. Mit Alkalibichromat und dil. H_2SO_4 entsteht blaue, auch in Äther lösliche [2]) Überchromsäure; mit NH_4-Molybdat ohne S.-Zusatz intensive Gelbfärbung.] Seltener und darum charakteristisch, als Reduktionsmittel, z. B. gegen $KMnO_4$ in schwefelsaurer Lösung (Entfärbung); $FeCl_3 + K_3Cy_6Fe$ (Blaufärbung); $MnO_2 + H_2SO_4$ (Lösung); AgCl + NaOH (metallisches Ag); $KBrO_3 + H_2SO_4$ (freies Br).

Ähnlich stark oxydierende Wirkung wie H_2O_2 haben „Perbasen" und Salze der sog. „Persäuren", Persulfate, Percarbonate, Perborate [3]).

Hydrazin- und Hydroxylamin-Salze [4]) werden erkannt durch die leichte Überführbarkeit in NH_3 (mit KOH + Al) oder in N_2 durch Oxydation oder Katalysatoren (Pt), oder Erhitzen (trocken oder in Lösung) mit KOH — wobei NH_3 u. N_2 nebeneinander entstehen —, durch die im Gegensatz zu NH_4-Salzen schon in der Kälte leicht eintretende R. mit HNO_2, bei der N_2 (aus Hydrazin) oder N_2O (aus Hydroxylamin) entstehen, durch die stark reduzierende Wirkung, besonders bei Alkalizusatz, gegenüber alkalischer oder ammoniakalischer Ag- und Cu-Lösung, $KMnO_4$, Jodsäure ($\rightarrow J_2$) u. a. (Jod wird in saurer Lösung nicht entfärbt.) NH_2OH im besonderen auch daran, daß es sich beim Kochen mit Nitroprussiat und Alkali kirschrot färbt und sich analog H_2O_2 auch als Oxydans betätigt, z. B. gegenüber Arsenit oder $Fe^{\cdot\cdot} + KOH$ ($\rightarrow Fe(OH)_3 + NH_3$).

Einzelprüfung auf Kationen

Oft ist es erwünscht, einen Bestandteil nachzuweisen, ohne den langwierigen Analysengang durchzuführen. Dazu können neben Tabelle (S. 126) folgende Versuche dienen:

[1]) Fein verteilte Me, z. B. Platin; Blut, Milch, Speichel.

[2]) Leerversuch mit verwendetem Äther nötig, da dieser durch Zersetzung Vbdgn. bilden kann, die an sich jene Blaufärbung geben. (Äthylperoxyd?)

[3]) Zusammenstellung ihrer R'en in Bd. I, C. 1917, II, 132 und B. 44, 3589.

[4]) $N_2H_4HSO_4$ und $NH_2OH \cdot HCl$ sind die üblichen Salze des Handels.

Auf Hg und As kann im Sublimat der Sz. geprüft werden, wo sie unterscheidbar sind an der Farbe bei Einleiten von H_2S und Beräuchern mit HCl-Gas. Gelb: As; schwarz: Hg. Für den Fall des Vorliegens As-haltiger Salze muß eine Säure, wenn Arsenat vorläge, auch ein Reduktionsmittel zugesetzt werden: Erhitzen mit $NaHSO_3$. Um As auch neben Hg zu erkennen, müßte Hg erst unter Sodazusatz weggeglüht werden. Auf As auch mit Bettendorfs Reagens ($SnCl_2$—HCl) oder Hypophosphit und Säure und nach den Methoden von Marsh u. von Gutzeit u. durch Kakodyl-R. siehe Bd. 1.

auf Sb durch die orangerote Farbe des Sulfid-N's, der bei Ansäuern einer aus der Sz. hergestellten Sulfosalzlösung [1]) ausfällt,

auf Cu durch die Blaufärbung der mit NH_3 übersättigten Lösung (schwache Blaufärbung auch bei Ni-Salz),

auf Pb durch die Fällung des schwarzen Sulfides aus alkalischer Lösung [2]) oder durch starke Gelbfärbung einer Sulfatfällung mit festem $NaNO_2$ und wenig H_2O,

auf Bi durch die starke Gelbfärbung des mit Alkaliüberschuß aus saurer Lösung gefällten abfiltrierten Hydroxydes bei Zusatz von festem $NaNO_2$ und wenig Wasser (Störung durch Hg, Cu, $Fe^{\cdot\cdot\cdot}$),

auf Cd durch die Fällung des gelben Sulfides aus ammoniakalischer Lösung. Ist die NH_3-Lösung blau, so fällt man entweder mit H_2S nach Entfärbung mit KCN. (Ist die H_2S-Fällung dann noch schwarz, so löst man sie in HNO_3 und behandelt eine darin mit Amm.karb.-Überschuß entstehende Fällung mit H_2S) oder man fällt mit Perchlorat (Solvadi-R.).

---

1) Abfiltrierter H_2O-Extrakt einer Soda-Schwefel-Schmelze der Sz. oder Eingießen der sauren Lösung in $(NH_4)_2S$-Überschuß und Filtrieren.

2) Bei Gegenwart von Tartrat bilden auch andere Schwermetalle klare alkalische Lösungen, die mit H_2S schwarz gefällt werden.

auf Zn durch die Fällung des weißen Sulfides aus alkalischer oder ammoniakalischer oder schwach saurer Lösung. Man gießt die saure Lösung der Sz. in NaOH-Überschuß, filtriert, säuert an und gießt in Überschuß von NH_3 und etwas H_2O_2, filtriert nochmals und leitet H_2S ein,

auf Fe durch die Blau-Reaktion, und durch die Ätherlöslichkeit des roten Ferrirhodanids,

auf Co durch die stark blaue Rhodan-Verbindung und die blaue Perle,

auf Ni durch Dimethylglyoxim in eisenfreier NH_3-Alkohol-Lösung: himbeerfarbiger N. oder Färbung,

auf Mn und Cr in der alkalischen Oxydationsschmelze, und durch Perl-R.

auf $Mn^{\cdot\cdot}$ auch durch Permanganatbildung in saurer Lösung (mit PbO_2),

auf Al in einer von H_2S-Metallen und alkal. Erden befreiten Lösung durch die Morin-R.,

auf Ba und Sr durch Flammenprüfung der mit H_2SO_4 gefällten Niederschläge,

auf Alkalien nach S. 117.

Schnelle Nachweise fehlen für Sn, Ca, Mg [1]).

Unbeschadet der Möglichkeit, daß in einer Sz. alles und jedes enthalten sein kann, wird man doch mehr mit der Möglichkeit des Vorkommens verbreiteter Mineralien und Handelspräparate rechnen, wobei nachgewiesenes Vorhandensein des einen oft Vorhandensein des anderen Bestandteils mehr oder weniger wahrscheinlich machen wird. So wird man in einer grünen As-haltigen Sz. auf Kupfer und Azetat fahnden (Schweinfurter Grün).

---

1) Auf Mg: Blaufärbg. mit Chinalizarin, siehe Original-Literatur.

Störungen des Nachweises von Ionen durch andere [1])

A. Art und Ort der Störungen.

Im Gegensatz zur Kationenprüfung im klassischen Analysengang, dessen Wesen darin besteht, daß Nachweisstörungen von

1. Kationen durch Kationen ausgeschlossen sind, ist in hohem Maße zu rechnen mit solchen von

2. Anionen durch andere Anionen, weil hier ein systematischer Analysengang fehlt, häufig mehrere Anionen dieselbe R. geben, die R. also nicht eindeutig (spezifisch) ist, unbeabsichtigte R'en eintreten, die die erwartete R. verdecken und R'en infolge Gegenwart anderer Anionen — z. B. infolge Komplexbildung — ausbleiben [2]) oder weil das ev. R's-Produkt bereits in der Ursubstanz vorhanden ist. Man begnüge sich darum nicht mit nur einer Anionen-R. als Beweisbasis, sondern verbreitere (durch zahlreiche R'en) und vertiefe sie durch Veränderungen zweiter Stufe, die man mit dem ersten R.-Produkt vornimmt.

3. Kationen durch Anionen. Die Störungen sind von dreierlei Art: a) Kationen fallen, an störende Anionen gebunden, an falscher Stelle aus [z. B. alkal. Erden als Phosphate im $(NH_4)_2S$-N.]. N'e enthalten zwar die richtigen Kationen, aber Anionen beigemengt, die die weitere Verarbeitung stören [Al u. Cr als Phosphate im $(NH_4)_2S$-N.; alkal. Erden als Phosphate im Amm. Carb. N.]. c) Fällungen werden durch Komplexbildung gehindert (Tartrat u. Oxalat neben Al u. Cr; CN neben Fe u. Co). Störungen bei dem in saurer Lösung erfolgenden Teil der Analyse sind selten. Die starke Azidität hindert das Ausfallen fremder Salze. Die Sulfide sind so unlöslich, daß sie auch aus Metall-Komplexe enthaltenden Lösungen rein und quantitativ aus-

---

[1]) Voraussetzung für das Verständnis dieses Abschnittes ist die Kenntnis des einfachen Schemas des Analysenganges.

[2]) Beispiele: Mo-R. für AsO_4 und PO_4; Störung derselben durch $FeCy_6''''$. Ausbleiben der Berlinerblau- und Rhodaneisen-R. durch Oxalat. Störung der Borsäure-R. durch Tartrate infolge Komplexbildung u. a.

fallen [1]). Um so empfindlicher werden die Störungen in den folgenden Gruppen, wo in nicht saurem Medium gearbeitet wird, worüber eingehend an anderer Stelle zu sprechen ist.

4. Anionen durch Kationen. Beispiele: Störung aller Anionen-R'en, bei denen konz. H_2SO_4 verwandt wird, durch alkalische Erden und Pb; solcher, bei denen HCl verwandt wird durch $Hg^{\cdot}$, Ag, Pb. — $NH_4^{\cdot}$ bei R'en, wo NH_3 als R.produkt erwartet wird.

Als Störung des Nachweises beider Ionensorten läßt sich auffassen die Unlöslichkeit aus ihnen gebildeter Salze, die besondere „Aufschlüsse" nötig macht: „unlöslicher Rückstand".

B. Gegenmittel (gegen 3 und 4).

Es liegt nahe, zu versuchen, Kationen und Anionen gleich bei Beginn der Analyse zu trennen durch ein allgemeines Fällungsmittel [2]), und das ungelöste auf die eine Ionenart, das gelöst bleibende auf die andere zu untersuchen. (Für Anionenprüfung wird diese Methode in Form der sog. Sodaabkochung sehr viel empfohlen.) Ein solches allgemeines Fällungsmittel gibt es aber nicht. Unser Analysengang hat zum Ziel, sämtliche Metalle, auch den metallischen Bestandteil zahlreicher Anionen (z. B. in Cyanid-, Jodid-, Fluorid-, Tartrat- und Thiosulfat-Komplexen) im Kationengang nachzuweisen, da einfache Anionen-R'en für die Mehrzahl dieser Komplexe [3]) nicht bekannt sind. Der übliche Analysengang zersetzt daher jene Metall-Komplex-Anionen und bringt die betr. Metalle als Kationen in Lösung. Durch Soda ist dies meist nicht zu erreichen. $Hg(CN)_2$ wird z. B. durch Soda nicht gefällt; in W. unl. Salze werden zum Teil unvollständig, manche auch in S. schwerer lösliche

---

1) Die Fällung von Sn wird allerdings erschwert durch sehr viel Oxalat, die von Hg und Cd durch sehr viel Jodid. Auch organische Sz. kann etwas stören: aus Hg-Peptonat-Lösung wird HgS nur langsam gefällt. Störungen durch Fluoride Anorg. 67, 302; durch PO_4 Analyt. 44, 522.

2) Oder bei unlöslichen Salzen ein aufschließendes Umsetzungsmittel.

3) Auch die nicht oder nur wenig in Ionen dissoziierenden und die unlöslichen Elektrolyte sollen hier mit inbegriffen sein.

(z. B. Sulfide) überhaupt nicht (auch durch Sodaschmelze nicht) zersetzt. Bei sauren Lösungen, aus denen beim Entsäuern („Neutralisieren"), z. B. mit Soda, unlösliche Salze wieder ausfallen würden, läßt sich durch Kochen mit starkem Sodaüberschuß das Gleichgewicht je nachdem nur mehr oder weniger zugunsten der Carbonatbildung verschieben [Oxalat geht ins Filtrat [1]), PO_4 nur sehr unvollständig]. Durch Einwirkung der alkalischen Flüssigkeit und der höheren Temperatur werden manche Anionen unkontrollierbar verändert. Schließlich bildet Sodaüberschuß sogar neue lösliche Anionen (d. h. das Gegenteil der beabsichtigten Wirkung), die in der Ursubstanz als solche gar nicht vorhanden sind [z. B. mit $Zn^{\cdot\cdot}$ und $Cu^{\cdot}$; mit Schwefel Thiosulfat] [2]). All dies ist zu bedenken, wenn man, wie sehr häufig empfohlen, die gesamte Anionenprüfung nur in einer Sodaabkochung vornehmen will. Reagiert die Sz. von vornherein alkalisch, so ist Abkochung mit Soda wohl stets zwecklos. Reagiert sie neutral, so kann sie unter Umständen nützlich sein, natürlich nur, wenn überhaupt eine Fällung eintritt; reagiert sie sauer, so ist der Erfolg immerhin nicht sicher. In stark erhöhtem Maße gilt das für den säureunlöslichen Rückstand. Wenn in viel Substanz (Oxyde oder Metalle) sehr wenig Anion vorhanden ist, wird durch Sodaabkochung allerdings eine für den Nachweis förderliche Konzentrierung erreicht. Störung der Anionen-R'en durch Kationen ist indes überhaupt eine Ausnahme; die Mehrzahl derselben, wenigstens soweit sie in saurer Lösung vor sich gehen, läßt sich ohne Abscheidung der Kationen ungestört durchführen, oder die gestörten R'en lassen sich durch andere ersetzen. Da viel öfter die R'en eines Anions durch andere Anionen gestört werden, so ist es jedenfalls vorteilhaft, von vornherein auf möglichste Trennung der Anionen hinzuarbeiten durch fraktionierte Extraktion mit Lösungsmitteln. Demgegenüber ist

---

[1]) Komplexe Al, $Fe^{\cdot\cdot\cdot}$ und Cr-Oxalate u. andere „alkalophile" Komplexe werden indes nicht zersetzt.

[2]) Noch mehr gilt dies für Sodaschmelze.

es geradezu der Zweck der Sodaabkochung, eine alle Anionen gleichzeitig enthaltende Lösung herzustellen. Es erscheint danach unbedingt zweckmäßig, auf Anionen getrennt zu prüfen einen H_2O-Extrakt, einen Säure-Extrakt des H_2O-Unlöslichen (und zwar auf Halogen und PO_4 eine Lösung in HNO_3, auf die übrigen in HCl) und eine Sodaschmelze des säureunlöslichen Teils. Manchmal ist es zweckmäßig, die zwei ersten Fraktionen mit Soda auszufällen und im Filtrat auf Anionen zu prüfen. Für den — übrigens wenig gebräuchlichen — Nachweis der Kationen im N. der Sodaabkochung gelten die gleichen Erwägungen wie vorher. Man kann ihn z. B. völlig frei von Oxalat, aber nicht sicher PO_4-frei herstellen, ist auch nicht sicher, alle Kationen wirklich im N. zu haben. Daher werden besondere Methoden angewendet zur Entfernung von PO_4, C_2O_4, Tartrat und $FeCy_6$.

Prüfung auf Kationen

Man stellt eine Lösung der Sz. her, entsprechend den bei Behandlung einer Probe gemachten Erfahrungen, und gemäß den oben gegebenen Vorschriften.

Schema des meist angewendeten „klassischen" Analysenganges

I. In saurer Lösung fällbare Sulfide: As, Sb, Sn—Hg, Pb, Bi, Cu, Cd („H_2S-Gruppe"). Davon:

α) in alkalischen Mitteln l. „Sulfosäuren": As, Sb, Sn [1]);

β) in alkalischen Mitteln nicht l.: „schwere Sulfobasen" Hg, Pb, Bi, Cu, Cd.

II. Nicht in saurer Lösung, sondern durch $(NH_4)_2S$ gefällt [2]): Fe, Al, Cr—Zn, Mn; Co, Ni [„$(NH_4)_2S$-Gruppe"]. Davon:

---

1) Sulfosäuren, Sulfobasen ist im folgenden der Kürze wegen geschrieben statt Bildner von solchen.

2) Al u. Cr als Hydroxyde, die übrigen als Sulfide. Bei übermäßig vorsichtigem Zusatz von NH_3 kann man übrigens fast alles Mn, Zn, Fe, Co und Ni als Sulfid ausfällen, ohne daß die Lösung alkalisch wird.

α) in verdünnter HCl unl.: Co, Ni;

β) in unverdünnter HCl löslich:

a) Fe^3, Al, Cr (dreiwertige, leicht hydrolysierbare schwache Basen)[1];

b) nicht so leicht hydrolysierbar Zn, Mn (Mn, Zn, Co, Ni = „leichte Sulfobasen").

III. Als Carbonat, nicht als Sulfid fällbar: Ba, Sr, Ca } alkalische Erden.

IV. Als Hydroxyd, nicht als Sulfid und Carbonat[2]) fällbar: Mg } alkalische Erden.

V. Durch alle angewandten Reagenzien nicht gefällt: Alkalien.

Über Abänderungen dieses einfachen Übersichtsplanes bei Anwesenheit „störender" Stoffe vgl. S. 83.

Ansäuern[3]) der Lösung

Wenn die Sz. in Wasser l. ist, so ist zuerst ihre Reaktion auf Lakmus zu prüfen. Da die meisten Metallsalze sauer reagieren, so ist neutrale oder alkalische R. bemerkenswert. Alkalische R. kann bei Gegenwart sulfidbildender Metalle nur ausnahmsweise auftreten. Die Metalle müssen dann als alkalophil-komplexe Anionen vorhanden sein, sei es in Form von Sauerstoff-Komplexen (z. B. Pb, Zn) oder Halogen-, Cyan-, Thiosulfat-, Tartrat- u. ä. Komplexen.

Zur Prüfung auf Gruppe I muß die Lösung allemal, auch wenn sie an sich schon sauer reagiert, trotzdem mit etwas S. (gewöhnlich HCl) angesäuert werden[3]). (Über Fälle, bei denen konz. HCl zuzusetzen ist, vgl. bei As. Tritt keine

---

[1]) Fe ist im $(NH_4)_2S$-N'e als Fe'' enthalten. Die charakteristisch unterscheidenden R'en gibt aber Fe''', deshalb als solches hier aufgeführt.

[2]) Wenigstens nicht bei Gegenwart von NH_4-Salz.

[3]) Auf beim Ansäuern entwickelte Gase und Niederschläge, Menge des Zusatzes und alle etwaigen sonstigen Nebenerscheinungen ist besonders zu achten.

sichtbare Veränderung ein, so behandelt man direkt mit H_2S.

Abweichungen vom Schema in besonderen Fällen

1. Vorbehandlung mit HNO_3, gebräuchlich für Legierungen [1]).

a) Zinn, Antimon [ev. zusammen mit Arsenat, Phosphat, Silikat [2]), Sulfaten von Blei und alkalischen Erden, auch Edel-Me. wie Au und Pt als solchen] können im Anfang der Analyse unlöslich abgeschieden werden mit HNO_3 als H_2SnO_3 und $HSbO_3$. Von As und P werden vorhandenem Sn und Sb äquivalente Mengen im N. mit zurückgehalten. Auch von Blei (und bei nichtmetallischen Substanzen von Ba und Sr) bleiben bei vorhandenem oder durch Oxydation entstandenem Sulfat diesem äquivalente Mengen unlöslich zurück. Dampft man, wie häufig angegeben, mit HNO_3 bis zur Trockne („Abrauchen") und geht darin etwas zu weit, so können auch andere Metalle (Pb, Bi, Cu, Fe, Al) in unlösliche Vbdgg. übergehen. Verunreinigung des Rückstandes durch solche Metalle ist sogar die Regel. Viel weniger geschieht dies, wenn man den bei Erwärmen mit HNO_3 in der Flüssigkeit entstehenden N. abfiltriert. Auf etwa $^1/_2$ g Sz. setzt man 5 ccm H_2O und dann 10 ccm konz. HNO_3 zu. Wenn die bei gelindem Anwärmen einsetzende Entwicklung von Stickoxyden aufgehört hat, kocht man kurz auf, und verdünnt mit etwa 50 ccm kochendem H_2O. Der N. (R^1) filtriert schwer und muß lange absitzen (ev. Zusatz von Papierpülpe). Auswaschen mit heißem, schwach salpetersaurem Wasser. Seine Verunreinigung durch Fremdmetall

[1]) Legierungen können ebensogut mit Königswasser behandelt werden, wobei nur zu beachten ist, daß $HgCl_2$ und $SnCl_4$ flüchtig gehen können (Gegenmittel: Zusatz von NaCl). Legierungen, die Pb und Sb enthalten, geben mit Königswasser sehr schwer lösliche Rückstände (Pb-Antimonat). Diese Schwierigkeit fällt fort, wenn man der Salzsäure langsam in kleinen Anteilen die oxydierende Säure zufügt.

[2]) SiO_2 aus Si oder Siliciden (z. B. Ferrosilizium); SO_4 aus dem Schwefel der Legierung stammend.

ist dann so gering, daß sie qualitativ vernachlässigt werden kann. a) Die HNO_3-Lösung wird vorsichtig zur Trockne gedampft, der Rückstand mit HCl aufgenommen, nochmals eingedampft (Entfernung von HNO_3-Spuren) und seine salzsaure Lösung wie gewöhnlich auf Kationen geprüft, aber auch auf PO_4, SO_4 und BO_2. b) Im Rückstand R^1 könnte mit konz. HCl u. nachherigem H_2O-Zusatz Sn, Sb (u. ev. As) gelöst, u. von SiO_2, $PbSO_4$, Au u. Pt getrennt werden. Gewöhnlich bringt man Sn u. Sb als Sulfosalz in Lösg., ev. zusammen mit AsO_4, PO_4 (ganz oder teilweise); ev. ungelöst bleiben (R_2) verunreinigende Me'e als Sulfide, SiO_2, alk. Erden als Sulfate. Man erwärmt mit Na_2S-Lösg. (NaOH + H_2S) oder $(NH_4)_2S$, fällt aus dem Filtrat Sulfide von Sb, Sn, As mit E. S., u. untersucht diese wie gewöhnlich; das E. S.-Filtrat dagegen auf PO_4, den Rückstand R_2 auf SiO_2 u. SO_4. Die geschilderte Sulfidtrennung kann auch auf trockenem Wege durch geschwefelte alkalische Schmelze erfolgen. (Siehe 2.)

Die Methode ist allgemein für Legierungen, kann aber natürlich auch auf Sz. anderer Art angewandt werden. Der Vorteil besteht darin, daß Verluste durch Verflüchtigung von Chloriden (Sn^4, Hg, As) und Hydriden (von S, P, As, Sb, wie sie als Beimengungen in Legierungen enthalten sein können) ausgeschlossen sind. Bei Behandlung mit HCl dagegen können beide, bei der mit Königswasser wenigstens Chloride verflüchtigt werden. Auch werden durch diese Methode gewisse Schwierigkeiten vermieden, die die Auffindung des Zinns (neben Hg z. B.) bietet. Flüchtig geht dabei in Legierungen vorhandener Kohlenstoff (als CO_2), und entzieht sich der Wahrnehmung.

2. a) Alkalische Schwefelschmelze dient demselben Zweck wie 1. Im Gegensatz zu dort bleibt aber hier sicher alles As zusammen mit Sn und Sb. Durch Aufnehmen mit Wasser erhält man eine Lösung, die dieselben Bestandteile enthält wie der $(NH_4)_2S$-Extrakt des H_2S-N's und daher wie dieser verarbeitet wird. Außerdem kann sie nichtmetallische Bestandteile der Sz. enthalten. Diese werden beim Ausfällen der Sulfide von As, Sb, Sn durch S. zum größten Teil ins

Filtrat gehen, das beim gewöhnlichen Gang weggegossen, hier darauf geprüft werden muß. Bei Anwendung auf Legierungen müssen diese natürlich sehr fein zerkleinert sein.

b) Eine analoge Methode auf nassem Wege ist die, die saure Lösung (z. B. in Königswasser) nach Entsäuerung in überschüssige Na_2S-Lösung zu gießen. Das Filtrat von den ausfallenden Sulfiden entspricht wieder dem die Sulfosäuren enthaltenden $(NH_4)_2S$-Extrakt des H_2S-Niederschlages. Es enthält außerdem noch die alkalischen Erden und soll darum mit Salz- oder Essigsäure, nicht mit Schwefelsäure angesäuert werden.

3. Vorbehandlung mit H_2SO_4.

Fluoridhaltige Sz'en werden zu Beginn der Analyse mit konz. H_2SO_4 [1]) im Platingefäß abgeraucht, weil aus Glasgefäßen SiO_2 in die Analysensubstanz und in den $(NH_4)_2S$-N. ev. zusammen mit alkal. Erden gelangen würde (an F gebunden, verflüchtigt sich aus dem Pt-Tiegel ev. B u. Si der Analys.-Sz.). HF hindert auch die Fällung von SnS_2 (nicht von SnS [2]). Vorhandene Cyanide und organische Sz. [3]), die gleichzeitig mitzerstört werden, hindern an sich die H_2S-Fällung nicht. Der Abrauch-Rückstand wird durch Erwärmen mit dil. HCl allmählich in Lösung gebracht, wobei natürlich ev. vorhandenes Pb u. alk. Erden ungelöst als Sulfate zurückbleiben. — Verflüchtigung von Si und B in schwefelsaurem Medium mit NH_4F.

---

[1]) Das dadurch nicht zersetzte H_2O-freie AlF_3 wird vorher durch Schmelzen mit Natronkalk in CaF_2 übergeführt.

[2]) Anorg. 67, 302.

[3]) Organische Substanz stört bei der H_2S-Fällung nicht so wie bei der mit $(NH_4)_2S$. Gewöhnlich wird sie darum erst dort entfernt. Doch wird Sn^4 neben viel C_2O_4'' nicht, Hg neben Eiweiß, Tannin u. ä. „Schutzkolloiden" schlecht gefällt. Es ist daher ratsam, auf org. Sz. schon im Anfang wenigstens zu prüfen. PO_4 gleich im Anfang der Analyse abzuscheiden, ist nicht ratsam, weil Arsensäure dabei der Phosphorsäure folgt. Oxydierende Sz. ist vor Einleiten von H_2S tunlichst zu beseitigen (vgl. S. 70).

4. Vorbehandlung mit HCl.

Wird eine Lösung der Sz. in Wasser oder Salpeter-S. durch Cl′ gefällt, was der Fall ist bei Gegenwart von Hg˙-, Pb- [1]) und Ag-Salzen, so pflegt man dieselben erst auf diese Weise auszufällen. Man setzt HCl zu, solange sich die Fällung noch vermehrt [2]). Bei Gegenwart von Cu ist das Grünwerden der Lösung Indikator hinreichenden Zusatzes. Der N. wird abfiltriert, mit HCl ausgewaschen und dann wiederholt ausgekocht mit Wasser, bis er an dieses nichts mehr abgibt (Probe mit H_2S oder K_2CrO_4), und filtriert.

Filtrat	Rückstand mit NH_3 ausgezogen	
$PbCl_2$ kristallisiert [3]) beim Erkalten aus. Mit NaOH-Überschuß: klare Lösung, durch H_2S schwarz gefällt	Filtrat [4]) durch HNO_3 wieder gefällt: AgCl	ungelöster schwarzer Rückstand: Merkurosalz.

Nachtrag zur HCl-Fällung

1. Der N. mit HCl kann auch anderes enthalten, z. B. basische Chloride von Bi und Sb, die sich aber in mehr Säure lösen. Er kann auch bewirkt sein durch das H-Ion [5]) (statt durch Cl-Ion). Der N. wird abfiltriert:

a) Ist er farbig (graue Kristalle von J; die Lösung braun von

---

[1]) Konz. HCl als Lösungsmittel auch brauchbar bei Gegenwart von Pb.

[2]) HCl wird auch verbraucht von etwa anwesendem Merkuri-Ion zur Bildung von $HgCl_2$, und zwar schon bevor die anderen unlöslichen Chloride quantitativ ausgefallen sind. In diesem Falle ist also HCl-Überschuß besonders nötig, damit die Fällung vollständig wird.

[3]) Gewisse Sb- (und Bi.) Vbdgen. fallen beim Erkalten einer heiß hergestellten klaren HCl-Lösung wieder aus, aber nicht in Kristallen, sondern als amorphe, opalisierende Trübung.

[4]) Bei mangelhaftem Auswaschen von Pb ist die $AgCl$-NH_3-Lösung trübe.

[5]) Also nur in dem Fall, wenn die ursprüngliche Lösung neutral oder alkalisch war.

J oder Br), so extrahiert man mit CS_2 oder $CHCl_3$[1]. — Von As-, Sb- oder Sn-Sulfiden rote oder gelbe N'e werden auf Löslichkeit in $(NH_4)_2S$ geprüft und die Lösung darin untersucht wie Untergruppe α (S. 75); das darin Unlösliche könnten sein Sulfide, besonders von Ag, Hg˙, Pb (die in HNO_3 zu lösen und mit der Hauptmenge saurer Lösung zu vereinigen wären), außerdem die unter b genannten und nach den folgenden Angaben zu verarbeitenden Stoffe.

b) Ist der N. farblos [Kiesel- oder Borsäure, Schwefel[2], Metallcyanide oder CN-haltige Säuren][3] so prüft man ihn nach den bei der Anionenprüfung angegebenen Methoden auf die einzelnen; auf Schwefel durch Löslichkeit in CS_2, Benzol oder $(NH_4)_2S$ und Verbrennlichkeit. Enthält er Kieselsäure, so wird noch im Filtrat befindliches $Si(OH)_4$ durch Eindampfen mit HCl zur Trockne und längeres Erwärmen des mit HCl feucht gehaltenen Rückstandes im Wasserbad ganz unlöslich gemacht und das Filtrat davon nach dem gewöhnlichen Gange untersucht. (Der Rückstand kann natürlich auch die unlöslichen Chloride, Schwefel usw. enthalten.) Kieselsäure kann auch (ev. zusammen mit Borsäure) durch Glühen mit NH_4F und H_2SO_4 verflüchtigt werden. Cyanhaltige Sz'en zerstört man in der Regel erst vor der $(NH_4)_2S$-Gruppe. Vorher können sie durch Säure-Überschuß in Lösung gehalten werden, ohne zu stören.

2. Hg˙ und Ag-Trennung auch durch Br-Wasser (oder NaOCl + HNO_3): HgCl allein gelöst als $HgBr_2$. Ag-Spuren zu finden kann Schwierigkeiten bereiten: AgCl ist neben viel HgCl schlecht durch NH_3 extrahierbar[4]. Man prüft dann auf Ag nach Verflüchtigung der Hg-Vbdg. im Tiegel oder durch die obige Trennung mit Br. Auch viel Pb ist dem einfachen Ag-Nachweis nicht günstig. (In Lösung halten desselben durch Fällen mit HCl in heißer NH_4-azetathaltiger Lösung.) Da AgCl in $Hg(NO_3)_2$ l. ist, so können Ag-Spuren in das Filtrat der schweren Sulfobasen geraten, man erkennt sie durch Trübung bei HCl-Zusatz zu der von HgS abfiltrierten HNO_3-Lösung.

---

[1] Durch die nachfolgende H_2S-Behandlung entstehen übrigens aus gelöstbleibendem J und Br die den weiteren Gang nicht störenden Halogenwasserstoffsäuren.

[2] Gleichzeitige Abscheidung von $Si(OH)_4$ + S bei Ultramarin.

[3] Auch organische Säuren, auf die hier keine Rücksicht genommen werden konnte (Fres. S. 723).

[4] Hg (aus HgCl mit NH_3 neben $HgClNH_2$ entstehend) kann sich mit AgCl umsetzen zu NH_3 unlöslichem Ag-Metall.

I. In saurer Lösung fällbare Sulfide: H_2S-Gruppe

Vorbemerkungen

1. Stärker oxydierende Substanzen, die viel Schwefel [1]) abscheiden würden, werden, wenn ihre Anwesenheit z. B. durch probeweise Zugabe von H_2S erkannt ist, zuerst beseitigt, z. B. wird zur Lösung benutzte stärkere Salpeter-S. oder Königswasser [2]) vor dem Einleiten von H_2S abgedampft, der Rückstand mit dil. HCl aufgenommen. Salze höherer Oxydationsstufen von Mn, Cr, Cl, J, Br [3]) reduziert man durch Erwärmen mit konz. HCl bis zum Verschwinden des Geruchs nach Chlor. Arsenate [4]), Ferrisalz mit SO_2-Lösung (längere Zeit damit kochen; SO_2-Überschuß durch CO_2 verdrängen; ev. dabei entstehende N'e: Sulfate von Pb, Ba, Sr); auch Hydrazin kann zur Reduktion verwandt werden. Fluor wird aus solches enthaltender Sz. gleich anfangs entfernt mit konz. H_2SO_4.

2. Die in dieser Gruppe auszufällenden Sulfide verhalten sich gegen S. sehr verschieden. As^5 fällt nur in sehr konz. HCl-Lösung in der Kälte leicht aus, als As_2S_5. In schwach saurer Lösung wird H_2S zu Schwefel oxydiert; erst bei ständigem Erhitzen und Einleiten wird dann die R. vollständig durch Fällung von As_2S_3. — Der Löslichkeit ihrer Sulfide [5]) nach ordnen sich die Metalle in folgende Reihe:

---

1) In sehr feiner Verteilung ausfallend zeigt dieser Schwefel eigene Opaleszenzfarben, die von rötlichem Gelb bis zu ausgesprochenem Blau schwanken. Andererseits kann er durch Spuren von Me-Sulfiden [auch der $(NH_4)_2S$-Gruppe] schwach gefärbt sein.

2) Es genügt nicht etwa HNO_3 zu neutralisieren und dann HCl zuzugeben, da eine solche Lösung dann beide Säuren (d. h. Königswasser) enthalten würde.

3) Durch Prüfung außerhalb des „Ganges" muß natürlich festgestellt werden, ob die dabei gebildeten niederen Oxydations-Stufen nicht neben den höheren schon primär vorhanden waren.

4) Siehe indes Vorbemerkung 2.

5) Über die Löslichkeit der Sulfide vgl. C. 1925, 1, 261; 1926, I, 3169. — Über die beiden Arsensulfide findet man widersprechende Literatur-Angaben. Die vollständige Fällbarkeit auch in stark saurer Lösung steht in scheinbarem Widerspruch damit, daß beide sogar schon mit H_2O allein etwas in Lösung gehen. Nach 48 Std. Stehen in offenem Gefäß bei Z. T. fand ich von As_2S_3 nur $^4/_5$, von As_2S_5 nur $^7/_{10}$ ungelöst vor. Siedendes H_2O löst ein Vielfaches davon schon in 5 Min. Beim Auswaschen des H_2S-N's muß jedenfalls gesorgt werden, daß stets H_2S-Überschuß zugegen, oder in den Waschwässern muß erneut auf gelöstes As geprüft werden.

Hg, Ag, Sn, Bi, Cu, Pb, Cd. — CdS wird schon gelöst durch kalte 3n-HCl, oder heiße 3n-H_2SO_4 [1]). Unausgefälltes Cd würde sich in der $(NH_4)_2S$-Gruppe beim Zink wiederfinden, während Zinn und As auch dort ins Filtrat geraten und sich bei den alkalischen Erden finden würden. Man muß die Fällung mit H_2S daher fraktioniert vornehmen, d. h. zuerst einleiten in stark saure Lösung und allmählich verdünnen oder NH_3 zusetzen. Wenn durch unvorsichtigen Zusatz von NH_3 die Fl. etwa vorrübergehend alkalisch werden sollte, könnten Sulfide von Co und Ni ausfallen, die sich nachträglich in Säure nicht wieder lösen. Zu beachten ist, daß durch die Umsetzung mit H_2S die Azidität zunimmt.

Praktische Fällungsvorschrift

Bei Gegenwart von As^5 wird [2]) die Substanz in konzentrierter HCl gelöst [3]) (und wenn nötig, nach Zugabe von $^1/_2$ Vol. H_2O, durch gehärtetes Filter filtriert), sonst nimmt man die S. nicht stärker als zur Lösung nötig ist [4]); einer rein wässerigen, wenn auch sauer reagierenden As^5-freien Lösung wird HCl zugesetzt, daß sie ungefähr n/1 ist [5]). (Bei HNO_3 ist diese Konzentration noch zu hoch.) Auf jeden Fall muß die Lösung deutlich fuchsinsauer bleiben.

---

[1]) Da CdS in konzentrierten Chlorid- und noch mehr Jodidlösungen beträchtlich löslich ist, so erfolgt die Fällung bei deren reichlicher Gegenwart ähnlich schwer wie die von As^5.

[2]) Prüfung der alkalischen Lösung des Mo-N's mit Ag˙: braunes Ag_3AsO_4.

[3]) Aus dieser sehr stark salzsauren Lösung fällt H_2S nur die Sulfide von As^5, As^3 und Hg (weißes Sulfochlorid).

[4]) Wenn, wie häufig, starker S'n-Überschuß zur Lösung nötig ist, so stumpft man etwas mit NH_3 ab oder dampft zur eben beginnenden Trockne ein (Gefahr der Verflüchtigung von As, Hg, Sn) und nimmt mit etwas angesäuertem Wasser auf. Eine dabei entstehende Trübung oder Fällung (basische Salze) stört nicht weiter.

Liegt eine saure Flüssigkeit zur Analyse vor, die freie starke Säuren enthalten kann, so neutralisiert man $^3/_4$ davon mit NH_3 und säuert mit dem Zurückbehaltenen wieder an.

[5]) Um die Normalität-Stufe zu schätzen, müssen alle Flüssigkeitszusätze abgemessen werden (mit einem graduierten Reagensglas). Die übliche 20 %ige HCl ist und 5,5fach normal.

Aus Zinksalz und Na-Salzen schwacher nicht flüchtiger Säuren (Azetat) könnte sonst Zinksulfid gefällt werden. Zink würde sich dabei im Gang zusammen mit Kupfer finden (Trennung beider mit H_2S in schwach mineralsaurer Lösung).

Gibt H_2S in einer Probe weder in stark, noch in schwach saurer Lösung einen N., oder fällt nur Schwefel, so geht man zur nächsten Gruppe über. Erhält man eine gefärbte Fällung, so wird die ganze Lösung ebenso behandelt. Das Einleitungsrohr lasse man vor Einführen und beim Herausnehmen aus der Lösung von H_2S durchströmen, um das Innere des Rohrs sauber zu halten. Zur Vermeidung des Geruchs leite man unter Druck ein (Einleitungsrohr und Kolben durch Stopfen fest verbunden). Zwischenschalten längeren Schlauches, so daß man durch Schütteln die Absorption beschleunigen kann [1]). Wenn der Sulfid-N. sich nicht mehr zu vermehren scheint, so erhitzt man zum beginnenden Kochen [2]), indem man gleichzeitig die Lösung bis auf ca. $^1/_2$-Normalität der Säure verdünnt [3]), leitet neuerdings ein und läßt im H_2S-Strom erkalten. Längeres Einleiten läßt den N. besser zusammenballen und absitzen und erzeugt erst die gewünschte Unlöslichkeit, z. B. wird HgS nach kürzerem Einleiten durch HNO_3 in weißes Sulfonitrat verwandelt, nach längerem nicht mehr.

---

1) Leitet man einmal im offenen Erlenmeyer ein, so darf wenigstens der Hahn des Apparates nur soweit aufgedreht werden, daß langsam Blase für Blase kommt und absorbiert werden kann.

➡ H_2S-Einleiten bei vollgeöffnetem Hahn in offene Bechergläser ist eine grobe Ungezogenheit gegenüber Laboratoriums-Genossen.

Zwischen Kipp-Apparat und Einleitgefäß muß selbstverständlich eine Waschflasche eingeschaltet sein, andernfalls besteht Gefahr, daß aus dem „Kipp" stammende Verunreinigungen zugleich mit H_2S hinübergerissen werden.

2) Der N. wird dadurch besser filtrierbar. — Unter Umständen kann der N. durch Erhitzen ganz oder teilweise wieder aufgelöst werden, weil die Lösung noch zu stark sauer war oder weil schon infolge zu geringer Azidität ZnS ausgefallen war.

3) Natürlich kann die S. auch mit NH_3 abgestumpft werden. Entsäuert man zu stark, so kann Zn (auch wohl etwas Co und Ni) ausfallen. Bei As^5-Anwesenheit geschieht das auch in sonst genügend saurer Lösung. Auch Cd und As^5 können sich beeinflussen, im entgegengesetzten Sinne: KH_2AsO_4 + CdS kann in dil. oder konz. HCl gelöst werden, ohne daß As_2S_5 ausfällt.

Kontrolle beendeter Fällung: Eine winzige Filtratprobe darf weder beim Verdünnen mit H_2S-Wasser, noch bei Zusatz von konz. HCl, Erhitzen und Einleiten von H_2S gefällt oder gefärbt werden. Es ist denkbar, daß trotz erfolgreicher Probe mit H_2S-Wasser nicht alles ausgefällt ist: man habe zwei hinsichtlich Säurelöslichkeit sehr verschiedene Sulfide, z. B. von Hg und Cd. Wenn HgS in stark saurer Lösung ausgefällt ist und H_2S-Wasser keine Fällung mehr gibt, kann die Lösung doch noch Cd enthalten, wenn die Säure durch H_2S-Wasser nicht weit genug verdünnt wurde.

Ein Zeichen vollendeter Fällung ist, wenn bei weiterer vorsichtiger Entsäuerung einer Probe rein weißes ZnS (das einzige weiße Sulfid, vom seltenen GeS_2 abgesehen) ausfällt. Für den Fall, daß die Sz. zinkfrei sein sollte, setzt man der Probe gleich etwas $ZnSO_4$ zu. Da die Sulfide eigenartig gefärbt sind und nicht gleichzeitig, sondern nacheinander ausfallen, so empfiehlt es sich, die Fällung zu beobachten. Es fallen:

gelb	orangerot	braun	schwarz
As_2S_3	Sb_2S_3	SnS	PbS
As_2S_5	Sb_2S_5	kaffeebraun	HgS
SnS_2		Bi_2S_3	blauschwarz
CdS			CuS

außerdem bei Gegenwart von Oxydationsmitteln (vgl. S. 70, A. 1). Schwefel, der oft dunkel gefärbt ist. — Blei und Quecksilber oft erst als Sulfosalze rot [1]), weiß oder gelb. Gemische von Gelb und Schwarz sehen grünlich aus. Auswaschen des Niederschlags mit kochendem Wasser [2]), zuerst unter Zusatz weniger Tropfen HCl, dann bis zum Ver-

1) Rote Farbe zeigt also durchaus nicht immer Sb an!!

2) Die feuchten Sulfide oxydieren sich allmählich (die löslichsten am schnellsten, HgS gar nicht) und würden dann als Sulfate ins Waschwasser gelangen, wenn das notwendige sofortige Auswaschen etwa auf den nächsten Tag verschoben wird. Mit kochendem, daher luftsauerstofffreiem Wasser kommt man am schnellsten zum Ziel. Der Vorteil des meist empfohlenen H_2S-Wassers wird aufgewogen dadurch, daß man es nicht kochend-heiß verwenden kann und daher viel mehr Zeit zum Waschen braucht.

schwinden der sauren R.; nicht zu lange mit H_2O allein, sonst rinnen einige Sulfide, am leichtesten die von As, kolloidal durchs Filter.

Es empfiehlt sich, vor dem weiteren Verarbeiten des H_2S-Niederschlages gleich jetzt das Filtrat nach S. 92 mit $(NH_4)_2S$ zu fällen und zu filtrieren, was lange aufhält und bequem neben der Verarbeitung der H_2S-Gruppe geschehen kann.

Trennung des H_2S-N's durch $(NH_4)_2S_5$ in 2 Untergruppen[1])

Abklatschen des von Säure völlig frei gewaschenen Niederschlags in eine Porzellanschale und Anrühren, zunächst nur einer mit Glasstab herausgenommenen ganz kleinen Probe im Reag.-Rohr oder Uhrglas mit $(NH_4)_2S_5$ [2]) zu dünnem Brei. Von den drei möglichen Fällen (der N. löst sich ganz, teilweise, gar nicht) ist der erste am einfachsten zu erkennen. Bei einem schwarzen N. kommt er natürlich von vornherein nicht in Betracht. Der dritte liegt vor, wenn die abfiltrierte gelbe Flüssigkeit in E. S. gegossen, nur rein weißen milchigen Schwefel abscheidet, der sich erst bei längerem Kochen zusammensetzt und dann gelblich aussehen kann. In Zweifelfällen durchschüttelt man das trübe Gemisch mit Benzol, das allein den Schwefel völlig löst. (Alle anorganischen Lösungsmittel könnten, weil sie alle alkalisch sind, auch Sulfide mitlösen.) Der zweite Fall liegt vor, wenn beim Ansäuern der Polysulfid-Lösung gefärbte Flocken ausfallen und ein anders gefärbter Rückstand bleibt, dessen wiederholte $(NH_4)_2S$-Extraktion ein Filtrat gibt, aus dem Säure nur weißen Schwefel fällt. Im Falle 1 behandelt man die N.-Hauptmenge nicht mit $(NH_4)_2S$, sondern verfährt damit gleich wie für Untergruppe α angegeben, hat

[1]) Anstatt $(NH_4)_2S_5$ wird auch 2n-KOH zur Trennung empfohlen (Böttger).

[2]) Das Reagens enthält Sulfid und Polysulfid, letzteres das an dieser Stelle wirksame, und darum in der Formel hervorgehoben. Es wird zweckmäßig mit der Hälfte NH_4Cl-Lösung verdünnt, wodurch zugleich die Mitauflösung von CuS gehemmt wird. Diese wird ganz gehindert bei Verwendung von K_2S_5, das aber HgS löst, andererseits durch farbloses, einfaches $(NH_4)_2S$, das aber wieder SnS nicht löst.

dann aber natürlich mit beiden Oxydationsstufen von As, Sb, Sn zu rechnen. Doch sind diese in ihrem Verhalten gegen H- und OH-haltige Lösungsmittel nicht allzu verschieden. Im Falle 3 verfährt man gleich nach der für Untergruppe β gegebenen Vorschrift. Im Falle 2 behandelt man den ganzen H_2S-N. wie die Vorprobe und läßt bei ca. 50° 10 Minuten lang stehen [1]. Bei zu kurzer Digestion bleibt Sn [2] im N. und erscheint später an derselben Stelle wie Bi.

Filtrat: NH_4-Sulfosalze von As^5, Sb^5, Sn^4 (geringe Mengen Cu)	Rückstand: die übrigen Sulfide.

Aus dem $(NH_4)_2S$-Extrakt durch S. gefällte und abfiltrierte Sulfide — das Filtrat wird für gewöhnlich fortgegossen — können sein gelb (As^5, Sn^4), orangerot (Sb^5). Auf die Farbe des N's darf man sich indes nicht verlassen. Durch Spuren Kupfer [3] kann Anwesenheit von Sb vorgetäuscht werden. Ist wenig Kupfer vorhanden, so kann es ganz in den $(NH_4)_2S_5$-Extrakt gehen.

α) In $(NH_4)_2S_5$ lösliche Sulfide („Sulfosäuren")

As ist von Sb u. Sn trennbar, weil As-Sulfide in OH-haltigen Solventien leichter, in saurer viel weniger l. sind als die von Sb u. Sn. Man kann somit entweder As alkalisch herausziehen und den Rückstand in Säure lösen, oder um-

---

1) Es ist erwünscht, mit möglichst wenig $(NH_4)_2S_5$ auszukommen, um den As-, Sb-, Sn-N. nicht mit viel S verunreinigt zu bekommen. Andererseits muß die Extraktion natürlich vollständig sein (Probe!). Man behandle daher wiederholt mit kleinen Mengen $(NH_4)_2S_5$.

2) Für Hg neben Sn ist die Trennung mit $(NH_4)_2S_5$ unter Umständen nach beiden Richtungen nicht ganz vollständig: Aus $HgS + SnS_2$ löst $(NH_4)_2S_5$ auch etwas HgS, indem gleichzeitig Sulfostannat entsteht (B. 20, 232), andererseits ist auch die Löslichkeit von SnS_2 erschwert. Nimmt man K_2S_5, so gehen beide in Lösung, aus der HgS durch NH_4Cl wieder ausgefällt werden kann, ev. noch verunreinigt durch etwas Zinn.

3) CuS etwas in $(NH_4)_2S_5$ löslich (weniger bei reichlichem NH_4Cl-Zusatz), wird aus dieser Lösung durch Säure als rötlicher Ndschlg. gefällt. — CuS ist praktisch unlöslich in K_2S_5, das aber wieder HgS löst. Man könnte beides vermeiden durch Wahl der Monosulfide von K oder NH_4, jedoch bleibt dann anwesendes SnS ungelöst zurück. NH_4Cl-Zusatz vermag auch HgS aus der Schwefelalkali-Lösung wieder auszufällen.

gekehrt verfahren [1]). Man pflegt das gewöhnliche (bicarbonathaltige) Ammoncarbonat zu verwenden, das die As-Sulfide bei 50° schnell, in etwa 10′ auch in der Kälte leicht löst. Länger und höher erwärmt wird die Flüssigkeit alkalischer, so daß sie auch von den anderen Sulfiden etwas lösen kann. Dies wird eher vermieden, wenn man während der Einwirkung CO_2 einleitet, oder gleich sauer extrahiert. — Als Säure wird gewöhnlich die konz. ungefähr 10n-Salzsäure empfohlen. Indessen reicht auch die 20 proz. bei längerem Erhitzen zur Lösung aus, wobei man gleichzeitig H_2S einleitet, um Arsensulfid unverändert zu lassen [2]). Unter Abscheidung von Schwefel geht $SbCl_3$ (!) und $SnCl_4$ in Lösung.

Aus der alkalischen Lösung wird As_2S_5 abgeschieden durch Ansäuern (vollständig erst beim Einleiten von H_2S); man löst es in $NH_3 + H_2O_2$ (rein!) oder Königswasser und erzeugt in der ganz klar filtrierten Lösung den charakteristischen N. mit Mg-Mixtur. (Vorsicht: gewöhnliches H_2O_2 enthält bisweilen Phosphorsäure! Prüfen!) [3]). Der N. muß, mit $AgNO_3$ befeuchtet, sich rotbraun färben. (Unerläßliche Kontrolle.)

In der sauren Lösung ($SnCl_4 + SbCl_2$) prüft man auf Sn nach Reduktion zu $SnCl_2$ durch dessen reduzierende Wirkung z. B. gegen $HgCl_2$-Lösung (weißer oder grauer N.) oder gegen das Ferri-Ferricyanid-Gemisch (Blaufärbung). Die Reduktion erfolgt mit metallischem Eisen (Nägel) zu $SnCl_2$ und schwammig am Fe sitzenden Sb-Me. Nimmt man statt dessen Zink [4]), so scheiden sich Sb und Sn als Me am Zink ab und können getrennt werden auf Grund der Unlöslich-

---

1) Daß die Extraktionen erschöpfend sein müssen, ist selbstverständlich. Der jeweilige Rückstand ist vollständig auszuwaschen (Lakmusprobe). Bei beiden Extraktionen ist weniger zu befürchten, daß sie unvollständig bleiben, als daß im Gegenteil zu viel gelöst wird. Es ist darum nicht unzweckmäßig eine Hälfte alkalisch, die andere sauer zu extrahieren, beide Male den Rückstand zu prüfen und die Extrakte nur für Kontroll-R'en zu benützen.

2) Über Verhalten von Arsensulfid gegen Wasser und Salzsäure vgl. Zentralbl. 1917, 1, 843.

3) Mit Molybdat.

4) Am besten Blech, oder doch ein kleines Stück, aber mit großer Oberfläche.

keit von Sb in HCl. Setzt man gleichzeitig ein Stück Pt oder Ag zu, so erfolgt auch eine räumliche Trennung; es scheiden sich der Hauptsache nach ab: Zinn am Zink, schwammiggrau [1]); Antimon am Platin, fest haftend, sammetartig, tiefschwarz (ev. Spuren Cu).

Zink selbst wird durch Korrosion von der S. auch geschwärzt; daher muß das ganze Zn-Stück herausgenommen, abgespült und ganz in HCl gelöst werden (Spuren ungelösten Zinks sind abzufiltrieren, da sie natürlich das zum Sn-Nachweis zugesetzte $HgCl_2$ (vgl. oben) auch reduzieren würden). Die Auflösung in HCl dauert ziemlich lange, da erst alles Zn und dann erst Zinn sich löst. Man wischt darum besser den Metallschwamm vom Zink auf Filtrierpapier, extrahiert dies mit HCl und prüft das Filtrat auf Zinn. Der Sb-Beschlag kann kaum Täuschungen veranlassen. Nach gründlichem [2]) Abwaschen anhaftender HCl gibt er, mit kalter oder ganz schwach [3]) erwärmter konz. HNO_3 betupft, weißes, schwer sichtbares Sb_2O_3, das in NaOH (bis eben alkalisch zugesetzt) gelöst wird. Mit $AgNO_3$ gibt diese Antimonitlösung einen Ag_2O-Niederschlag, der beim Zusatz von NH_3 sich löst und darin vorhandenes schwarzes metallisches Ag erkennen läßt. (Gleichzeitige Identifizierung als rotes Sb_2S_5 nützlich.) Ohne Rücksicht auf Zinn kann man Sb allein am sichersten nachweisen durch Niederschlagen des Me's aus der HCl-Lösung mit Zinnfolie und Platin. Empfehlenswert ist auch folgende gewöhnlich aber nur zu quantitativer Trennung von Sn—Sb angewandte Methode: Aus schwach saurer Lösung fällt H_2S bei Zusatz von viel Oxalsäure nur Sb; im Filtrat ist Sn nachzuweisen a) nach Wegkochen von H_2S und Zerstören der Oxalsäure (z. B. mit schwefelsaurer Permanganatlösung) mit H_2S oder nach Re-

---

1) War die Lösung zu stark sauer, so löst sich einfach Zn auf, es wird nur Wasserstoff frei, und besonders Zinn kann gelöst bleiben. — H-Vbdgg. von Sb und Sn entstehen als Nebenprodukt.

2) Sonst bildet sich mit nachher zugesetzter HNO_3 Königswasser! Verunreinigendes Cu löst sich in der HNO_3 auf.

3) Sonst könnte Sb_2O_5 oder $HSbO_3$ entstehen.

duktion durch Fe mit $HgCl_2$ oder b) nach Überführung in Sulfosalz (mit NH_3 + $(NH_4)_2S$) durch E. S. als SnS_2 [1]).

Cu folgt bei saurer Extraktion dem As und bleibt dann beim Lösen in Ammonkarb. unlöslich zurück. Alkalische Extraktion läßt es bei Sn und Sb. Bei Reduktion mit Zn scheiden sich Cu und Sb als in Gegensatz zu Sn salzsäureunlösliche Metalle ab.

β) In $(NH_4)_2S_5$ unlösliche Sulfide („schwere Sulfobasen")

Der Rückstand bei der Behandlung mit $(NH_4)_2S_5$ wird, nachdem dasselbe durch Auswaschen völlig entfernt ist, mit ca. 3 n- (= ca. 20 %) Salpetersäure schwach [2]) erwärmt [3]). Ein bleibender Rückstand [4]) kann enthalten $PbSO_4$ (durch Oxydation von PbS), schwarzes Sulfid oder weißes Sulfonitrat [5]) von Hg, und schließlich Schwefel, der durch Spuren Metallsulfide gefärbt sein kann. Zieht man ihn mit NaOH oder weinsaurem NH_4 aus und setzt zum Filtrat H_2S, so beweist eintretende Schwarzfärbung Anwesenheit von Pb. Ist der HNO_3 unlösliche Rückstand weiß, so läßt sich Pb identifizieren dadurch, daß man nach völligem Auswaschen anhaftender Säure $NaNO_2$-Kriställchen darauf streut: Gelbfärbung. Ist der erschöpfend mit NaOH ausgezogene Rückstand farblos, so übergießt man ihn mit H_2S-Wasser. Schwarzfärbung zeigt Hg an. Man löst ihn oder

---

1) Nachweis als Zinn-Wasserstoff vgl. S. 24.

2) Es muß vermieden werden, daß der abgeschiedene Schwefel schmilzt, weil durch ihn umhüllt die Metallsulfide schwer oxydiert und gelöst werden. Die S. soll daher nicht bis zum Siedepunkt erhitzt werden. ➡ Geringe Zusätze von H_2O_2 oder $NaNO_2$ erhöhen die Wirkung, so daß man mit niedrigerer Temperatur auskommt.

3) Bei Fehlen von Untergruppe α müssen dem N. anhaftende HCl oder NH_4Cl-Spuren sorgfältig weggewaschen werden, um Lösung von HgS durch Bildung von Königswasser zu hindern.

4) Er darf an die Säure nichts mehr abgeben. Probe: Man zieht mit einer neuen kleinen Menge Säure aus, filtriert, stumpft mit NH_3 ab und gibt H_2S-Wasser hinzu. Tritt keine Fällung mehr ein, so wäscht man die noch anhaftende Säure aus.

5) Wenn die Sz. viel Bi enthält, könnte der Rückstand ev. auch basisches Bi-Salz enthalten. (Gegenmittel: sauer auswaschen, erst zum Schluß mit H_2O.)

den ursprünglichen schwarzen Rückstand in wenig (!) Königswasser und identifiziert das entstandene $HgCl_2$, nach Abstumpfung der Säure, durch Cu-Blech, das sich mit Hg-Tröpfchen bedeckt, oder durch wenig KJ-Lösung, wobei ein (im Überschuß farblos löslicher) roter N entsteht; oder schließlich durch $SnCl_2$: Die Bildung von HgCl oder Hg setzt natürlich voraus, daß das oxydierende Lösungsmittel unwirksam gemacht ist (z. B. durch Abdampfen).

Der oft Metallsulfide einschließende, besonders wenn zu einer plastischen Masse geschmolzen, die Behandlung störende Schwefel kann dem Rückstand durch anhaltendes Waschen mit NaOH-haltigem Na-Sulfit oder $(NH_4)_2S$ (Monosulfid!) oder Schwefelkohlenstoff entzogen werden.

Bisweilen (wenn die Extraktion der Sulfosäuren mit $(NH_4)_2S$ unvollständig war) kann der Rückstand auch Zinnsäure enthalten, die durch die angewendete HNO_3 aus den Zinnsulfiden entsteht, in dem HgS lösenden Königswasser unlöslich ist und erst mit dem Schwefel zusammen gelöst wird, bei dem eben erwähnten Waschen mit $(NH_4)_2S$.

Behandlung der HNO_3-Lösung

Wenn sich an der Farbe oder sonstwie (z. B. mit Soda oder H_2S-Wasser) an einer Probe erkennen läßt, daß überhaupt etwas gelöst wurde — andernfalls wird die Lösung weggegossen —, so wird Blei [1]), dessen Anwesenheit sich schon vorher bemerkbar gemacht zu haben pflegt, durch Zusatz einiger Tropfen konz. H_2SO_4 abgeschieden. Für 0,5 g reines Pb ist 0,25 g oder 5 gtt. Säure reichlich genug! Da sich das Me. zwischen H_2SO_4 und HNO_3 verteilt, so wird durch völliges Eindampfen bis zum Auftreten dicker weißer H_2SO_4-Nebel die Salpetersäure ganz entfernt. — Dampft man zu wenig ein, so bleibt die Pb-Abscheidung unvollständig, geht man darin zu weit, so wird auch Bi unlöslich. Ob die Dämpfe wirklich schwefelsauer sind, kann der Anfänger durch ein darüber gehaltenes Uhrglas und

[1]) Eine kleine Probe wird mit HCl versetzt. Trübung könnte Ag anzeigen.

Prüfung des Kondensats mit $BaCl_2$ ersehen. Ist kein SO_4 nachweisbar, so dampft man weiter ein oder setzt noch S. zu. Man nimmt auf mit schwach schwefelsaurem H_2O, um ev. gebildetes basisches Bi-Salz in Lösung zu bringen und fällt im Filtrat vom Blei (F. F.) — Sodaprobe auf weiteren Gehalt an Salzen — Bi als weißes Hydroxyd durch NH_3 in nicht allzu großem Überschuß [1]).

Bei Anwesenheit von Cu (Farbe schon in der sauren Lösung erkennbar) wird die Flüssigkeit dabei dunkelblau [2]), wodurch die Sichtbarkeit des hier in Flocken ausfallenden $Bi(OH)_3$ beeinträchtigt wird. Man filtriere — auch wenn kein deutlicher N. sichtbar sein sollte — durch ein recht kleines Filter, wasche gut mit NH_3 aus bis möglichst zur Farblosigkeit des Papiers und übergieße das Filter [3]) mit kalter Na-Stannitlösung [4]): a u g e n b l i c k l i c h e (!) tiefschwarze Färbung des N's durch metallisches Bi [5]). Ist das Filtrat vom NH_3-Ndschlg. farblos, fehlt also Cu, so versetzt man direkt oder nach schwachem Ansäuern durch H_2SO_4 mit H_2S: gelber N.: CdS.

Ist das Filtrat blau, so gibt man ein Stück KCN hinzu, schüttelt bis zur Entfärbung (wobei Cu als K-Kuprocyanid in Lösung geht unter Abgabe von Cyan), gießt schnell vom

---

1) Infolge schlechten Auswaschens des H_2S-N's kann hier $Al(OH)_3$ oder $Fe(OH)_3$ auftreten, infolge anderer Fehler auch Hg, Pb, Sb; in seltenen Fällen, bei Gegenwart von Hg, auch wohl Zinnhydroxyd.

2) Blaue NH_3-Lösungen entstehen auch mit Nickelsalzen, jedoch von viel blasserer Farbe; sie werden ebenfalls durch KCN entfärbt und durch H_2S dann nicht wieder gefällt. — In der blauen Lösung weist Salvadori Cd nach durch einen mit Perchlorat entstehenden N. (Vgl. Bd. 1.)

3) Andere Art der Ausführung: Man gießt das Gemisch der sauren Lösungen von Sn und Bi in Lauge-Überschuß.

4) Man versetze Natronlauge von 10 % mit $SnCl_2$-Lösung bis zur Sättigung und verdünne etwa aufs 10fache.

Unter bestimmten Umständen — Mangel an Alkali oder sehr starkes Alkali, höhere Temperatur, längeres Aufbewahren — kann sich die Stannitlösung zersetzen in Stannat und schwarzes metallisches Zinn.

5) Andere Arten des Nachweises: Zur möglichst schwach sauren Lösung des N's in HNO_3 setzt man langsam 1 %ige KJ-Lösung: brauner über gelb in rotes BiOJ übergehender N. — Bestreuen des feuchten $Bi(OH)_3$ N's mit festem $NaNO_2$: Gelbfärbung.

ungelösten KCN ab, filtriert — Spuren Blei und andere Unreinigkeiten können dabei zurückgehalten werden —, erhitzt zur Verflüchtigung des Zyans und prüft wie zuvor auf Cd. Cu kann man zum Überfluß in der blauen Lösung nach schwachem Ansäuern noch durch K_4Cy_6Fe identifizieren. — Häufig entstehen Zweifel, weil die Fällung mit H_2S nicht die rein gelbe Farbe von CdS zeigt, sondern braun bis schwarz aussieht. Dies kann durch Verunreinigung von $Pb^{\cdot\cdot}$ oder $Cu^{\cdot\cdot}$ oder durch sog. Rubeanwasserstoff bewirkt sein. $Pb^{\cdot\cdot}$ ist in allen stärker OH-haltigen Flüssigkeiten, auch in heißem überschüssigem NH_4OH, allerdings sehr wenig, löslich. Man vermeide darum zu starke Überschüsse von NH_3 und von KCN, weil die Abscheidung als $PbSO_4$ nicht ganz vollständig gewesen sein könnte. — Um die Fällung von CuS aus KCN-Lösung völlig zu hindern, ist ein, allerdings nicht erheblicher, Überschuß von KCN nötig. — Rubeanwasserstoff $(CSNH_2)_2$ kann bei Gegenwart von Cu entstehen durch H_2S aus Dicyan [1]), wenn dieses nicht vorher durch Erwärmen entfernt war. — Häufig ist die gelbe CdS-Fällung nur im Anfang des Einleitens gut sichtbar und verwandelt sich allmählich in schmutziges, grünliches Braungelb. — Zur Reinigung eines solchen mißfarbigen, bei Prüfung auf Cd häufig erhaltenen N's dient Extraktion mit heißer, etwa dreifach normaler (ca. 15 %) H_2SO_4 und erneute Abscheidung im erkalteten, etwas entsäuerten Filtrat durch Ammoncarb. (dessen Überschuß $CdCO_3$ nicht löst) und auch mit H_2S, auch wohl Waschen mit KCN-Lösung auf dem Filter.

Wenn infolge von H_2S-Fällung in zu schwach saurer Lösung Zn mitgefällt wurde, wäre dies, je nachdem mehr oder weniger KCN zugesetzt wurde, im Cd- oder häufiger im Cu-N'e zu suchen. An beiden Stellen ist es leicht zu ermitteln, entweder durch Lösen des N's in S. und wiederholte Sulfidfällung oder durch NaOH-Überschuß, der Zn- in Gegensatz zu Cu- und Cd-Hydroxyd löst.

---

1) $(CN)_2 + 2H_2S = (CSNH_2)_2$.

Nachtrag zur H_2S-Gruppe

Betr. Störung der Sn-Fällung durch Oxalsäure (vgl. S. 77): Der Oxalsäure-Überschuß muß schon sehr groß sein. (30—40 Teile auf 1 Sn.) Entfernung organischer Sz. an dieser Stelle durch bloßes Glühen ist gefährlich, weil Hg und As verflüchtigt werden könnten. Sehr viel Jodid stört die Fällung von Hg und Cd (HgS l. i. HJ). Sehr viel H_3PO_4 soll angeblich ebenfalls die SnS_2-Fällung hindern (Analyt. 44, 522).

Untergruppe α. Die Löslichkeit der Sulfide in S. nimmt ab in der Reihenfolge Sn^2, Sn^4, Sb, As. Man kann dies, außer wie üblich für die Abtrennung von As, unter genauer Einhaltung bestimmter Säure-Konzentration (15 % HCl) auch für die Scheidung Sb—Sn verwerten. Bei richtiger Konzentration löst sich SnS_2 kalt, Antimonsulfid nur in der Hitze und fällt beim Erkalten wieder aus.

Ausgenommen SnS, das selbst durch heiße Lauge nur schwer angegriffen wird, sind andererseits die Sulfide in allen möglichen OH-haltigen Flüssigkeiten löslich mit vom As zum Sn abnehmender Leichtigkeit, die höheren Wertigkeitsstufen leichter als die niederen. Da die Sulfide der schweren Sulfobasen in Alkali unlöslich sind — nur HgS wird bei Gegenwart freien Schwefels durch NaOH gelöst —, so könnte man versuchen, $(NH_4)_2S_5$ als Reagens zur Lösung der Sulfosäuren ganz zu vermeiden[1]) und die Abstufung der OH-Konzentration zur Trennung zu verwerten. Die Sulfide von As lösen sich in kaum merklich alkalischen Flüssigkeiten (z. B. Na-Azetat), Antimonsulfide und SnS_2 erst in entsprechend stärkeren, während SnS sogar gegen heiße Natron-Lauge von 10 % ziemlich widerstandsfähig ist.

Da die Lösungen der Sulfide in schwefelfreien alkalischen Lösungsmitteln die drei Elemente aber zum Teil als Sulfo-, zum Teil als Oxysalz enthalten, so müßte zur völligen Wiederabscheidung daraus als Sulfid außer S. noch H_2S zugesetzt werden.

Man könnte auch umgekehrt verfahren und den ganzen H_2S-Niederschlag fraktioniert mit nicht oxydierender Säure in allmählich steigender Konzentration ausziehen, wobei zuerst CdS sich löst, zuletzt As- und Hg-Sulfid übrig bleiben. (Vgl. Chem. Ztg. Rep. 1915, S. 458 und Zentralbl. 1915, 2, 558.)

Untergruppe β. Das Abrauchen von H_2SO_4 ist lästig und bei Abwesenheit von Blei ganz unnötig. Die Abwesenheit ergibt sich, wenn die HNO_3-Lösung mit NaOH schwach über-

[1]) Böttger verwendet 2n-KOH statt $(NH_4)_2S_5$.

sättigt und filtriert, durch H_2S nicht geschwärzt wird. — Blei läßt sich zusammen mit Bi praktisch quantitativ aus der sauren Lösung mit geringem Überschuß kalten Ammoniaks (10 %) bis zur eben eintretenden Dunkelblaufärbung anwesenden Kupfers fällen. In diesem N. läßt sich, nach völligem Auswaschen von Cu mit NH_3 bis zur Farblosigkeit, vorhandenes $Bi(OH)_3$ erkennen durch Übergießen mit kalter Stannit-Lösung. (Bi-freies $Pb(OH)_2$ wird durch das Reagens nicht geschwärzt, auf keinen Fall irgendwie schnell.) Waschen mit kalter 1 %iger Lauge entzieht dem N'e nur Pb (nachweisbar durch H_2S oder als Chromat in E. S.-Lösung). Das NH_3-Filtrat wird, wie früher beschrieben, mit KCN behandelt, wobei etwa doch noch vorhandene Pb-Spuren unlöslich auszufallen pflegen, so daß die klare filtrierte farblose KCN-Lösung mit H_2S sofort rein gelbes CdS fallen läßt, das erst bei längerem Einleiten etwas mißfarbig werden kann und dann, wie früher angegeben, gereinigt wird. — Setzt man H_2O_2 bei der Fällung mit NH_3 zu, so geht Blei quantitativ als $Pb(OH)_4$ in den N.

Über eine Trennung der Untergruppe β mit Soda und KCN vgl. Fresenius, S. 734: Cu und Cd werden gelöst, Pb und Bi bleiben ungelöst.

Die naheliegende Methode, die salpetersaure Lösung der Sulfide gleich in NaOH-Überschuß zu gießen und dadurch Blei abzutrennen, gibt nicht genügend zuverlässige Resultate. Scheinbar wäre es sehr einfach, dem abfiltrierten Gemisch der Hydroxyde Cu und Cd durch NH_3 zu entziehen, während die darin unlöslichen HgO und Bi (OH_3) durch KCN trennbar wären.

Zur Cu-Cd-Trennung kann auch dienen das Verhalten gegen $NH_4CNS + SO_2$, wodurch Cu allein, oder das gegen Ammoncarbonat-Überschuß, wodurch Cd allein gefällt wird.

Die Analyse in nicht saurer Lösung

II. $(NH_4)_2S$-Gruppe. Fe, Al, Cr — Zn, Mn — Co, Ni

Bei normaler Fällung werden Al und Cr als Hydroxyde, die übrigen als Sulfide niedergeschlagen, evtl. unter Beimengung von Schwefel.

Vorbemerkungen über nicht normale Fällung durch $(NH_4)_2S$. (Störende Stoffe.)

Der bisherige Teil der Analyse wurde in saurer Lösung ausgeführt. Durch Fällung als Chloride und Sulfide wurden die betr. Metalle [auch wenn sie in komplexer Bindung vorlagen] zugleich von allen anderen in Lösung bleibenden Kationen und Anionen quantitativ getrennt. Andere als die planmäßig erwarteten N'e konnten nicht entstehen. — Mit $(NH_4)_2S + NH_3 + NH_4Cl$ trennt man zwar in vielen Fällen ebenfalls ohne weiteres die Metalle dieser, von denen der übrigen Gruppen und von Anionen [1]), in anderen können aber Störungen von der auf S. 60 geschilderten Art eintreten: a) es gehen Salze alk. Erden (inkl. Mg) [2]) ganz oder teilweise mit in den N., b) Al und Cr fallen nicht an OH, sondern an andere Anionen (PO_4) gebunden [3]) aus, c) aus Fluorsilikaten und Silikaten kann durch NH_4-Ion Kieselsäure gefällt werden (auch Fluoride stören). Der $(NH_4)_2S$-N. würde in diesen drei Fällen fremde Bestandteile enthalten, die er normalerweise nicht enthalten soll. Andererseits können Bestandteile der Fällung entgehen: d) aus Al und Cr bilden sich mit Tartrat und Oxalat [4]) [5]); aus Fe und $Co^{\cdots}$ mit CN, Anionen, die so komplex sind, daß aus ihnen mit $(NH_4)_2S$ keine Hydroxyde von Al und Cr, keine Sulfide von Fe und Co gefällt werden. Die Zinkat-, Aluminat-, Chromat und Manganat-Anionen-Komplexe werden zwar durch

---

1) Besonders wichtig die Trennung von SO_4 für die nachfolgende $BaCO_3$-Methode.

2) Alle alk. Erdsalze, die nur in S. löslich sind (z. B. PO_4, C_2O_4, $C_4H_4O_6$, $FeCy_6$, Jodat, Fluorid u. a.) und deren saure Lösungen bei NH_3-Zusatz unlösliches Salz wieder fallen lassen. Manche werden durch das bei Neutralisation entstehende NH_4Cl in Lösung gehalten ($CaSO_4$; Borate u. a.). (Nach Anorg. 119, 31 soll Mn bei Gegenwart von Borat durch $(NH_4)_2S$ nicht fällbar sein.) Diese Störungen machen sich ebenso bei der $(NH_4)_2CO_3$-Fällung der alk. Erden und bei der von Mg bemerkbar.

3) Weil diese Fällungsformen unlöslicher sind als die Hydroxyde.

4) Glycerin, Zucker, überhaupt polyhydroxylhaltige St'e wirken ebenso. Vorhandensein dieser „basophilen" Komplexe ist wahrscheinlich in St'en, die nach Vorprüfungen schwerere Metalle enthalten und stark alkalisch reagieren, oder mit alkalischen allgemeinen Fällungsmitteln klare Lösungen geben. Auf S. 154 ist einiges zum Nachweis organischer Sz. dienende angegeben. Die nähere Identifizierung derselben (außer Wein- und Oxal-S.) überschreitet den Rahmen dieses Buches.

5) Vorhandene alkal. Erden können unter denselben Umständen aus oxalathaltigen Lösungen zusammen mit Al und Cr gefällt werden.

$(NH_4)_2S$ zersetzt und normal gefällt [1]). Da die Fällung der zwei letztgenannten indes langsam unter Abscheidung von lästig viel Schwefel erfolgt, so empfiehlt es sich, beide vorher in $Cr^{\cdots}$ und $Mn^{\cdot\cdot}$-Salz überzuführen durch Erwärmen mit konz. HCl (ev. mit etwas Alkohol) oder (nur bei Abwesenheit von Ba und Sr zu empfehlen) durch Reduktion mit SO_2, wobei auch vorhandenes Jodat unschädlich gemacht wird (Wegkochen von entstandenem Chlor und Jod). PO_4, C_2O_4, $C_4H_4O_6$ und CN brauchen nach obigem in der $(NH_4)_2S$-Gruppe nicht unter allen Umständen zu stören: CN z. B. nicht, wenn Fe und Co abwesend sind [2]); PO_4 C_2O_4 und $C_4H_4O_6$ nicht, wenn Al und Cr und alkal. Erden fehlen. Es ist indessen üblich, die „störenden" Stoffe in allen Fällen schon hier durch besondere Vorbehandlung zu entfernen, sonst können Störungen in den folgenden Gruppen auftreten. Auf die einzelnen störenden Substanzen ist nach den bei der Anionenprüfung angegebenen Verfahren zu prüfen. Wenn eine solche Lösung sodaalkalisch gemacht werden kann, ohne einen N. zu geben [3]), sind solche störenden Sz'en sicher vorhanden, es sei denn, daß von Kationen in ihr überhaupt nur solche der Alkalimetalle seien.

E n t f e r n u n g v o n o r g a n i s c h e r Sz., CN', SiF_6'' usw. [4]).

Man benützt dazu gewöhnlich Erhitzen mit konz.

---

1) Zinkat oder Zn $(2\,NH_3)^{\cdot\cdot}$ wird normal als ZnS gefällt. Aluminat durch das NH_4 der Reagenzien, CrO_4 und MnO_4 durch die reduzierende Wirkung von $(NH_4)_2S$. — $Fe^{\cdots}$-Salze scheiden S. ab, wenn sie nicht durch eine vorangegangene H_2S-Behandlung schon zur Ferrostufe reduziert worden sind.

2) Sehr viel Alkalicyanid hindert auch bei den übrigen.

3) Für die Prüfung auf PO_4 ist Abwesenheit von As^5 wichtig, das nicht selten in der H_2S-Gruppe unvollständig ausgefällt wird. Nachweis von PO_4 und AsO_4 nebeneinander nach Ausfällung von As mit H_2S.

4) Vorversuche lassen gleichzeitige Entfernung alles Störenden möglich erscheinen durch Kochen mit $PbO_2 + HNO_3$ (vgl. Anorg. 138, 79).

H_2SO_4 [1]). Ihre Wirkung kann durch Zusatz von H_2O_2 gesteigert werden. Die Sz. färbt sich vorübergehend meist (nicht durch Oxalate) gelbbraun bis schwarz. Der Rückstand kann natürlich unlösliche Sulfate von alkalischen Erden enthalten, die dann mit Soda aufzuschließen sind. Aber auch andere Salze des Rückstandes lösen sich, weil in völlig wasserfreie Form übergeführt, oft sehr langsam, z. B. das aus Eisencyaniden entstandene Ferro- oder Ferrisulfat [2]). Man dampfe nicht ganz bis zur Trockne und spare mit H_2SO_4, da der Qualm ihrer Dämpfe trotz selbstverständlichen Arbeitens unter dem Abzuge sehr unangenehm ist. (10 bis höchstens 15 Tropfen genügen für die übliche Menge Analysen-Sz. bis zu 0,5 g vollauf.) Von anderen Zerstörungsmitteln kommen in Frage Bisulfatschmelze, alkalische Oxydationsschmelze [3]), Eindampfen mit HCl + $KClO_3$, HNO_3 + H_2O_2 oder PbO_2. Metall-Cyan-Komplexe kann man auch durch Glühen mit Ammonchlorid oder -sulfat zerstören oder durch Kochen mit HgO so zersetzen, daß alles Cyan als $Hg(CN)_2$ im Filtrat, und wenn die Lösung nur Chloride enthielt, alle Kationen zusammen mit HgO-Überschuß [4]) im N. bleiben. Oxalat kann durch Erhitzen

---

[1]) Bisweilen genugt Glühen allein ohne Zusatze z. B. fur Oxalate, doch besteht dabei die Gefahr, daß Oxyde von Fe, Al, Cr unlöslich werden. — Beachtlich ist, daß beim Glühen und durch H_2SO_4 sekundäre Änderungen eintreten können, die kontrolliert werden mussen. Möglichkeit der Reduktion durch die gebildete Kohle und ev. Verflüchtigung der Reduktionsprodukte (z. B. von PO_4).

[2]) Ihre Lösung wird beschleunigt durch HCl-Zusatz.

[3]) Für Prüfung auf Alkalien muß natürlich die organische Sz. dann in einer besonderen Probe mit konz. H_2SO_4 zerstört werden. — In alkalischer Schmelze kann sich Cyanid bilden aus org. N-Substanz, z. B. Harnstoff.

[4]) Aus der Lösung des N's in HCl (20 %) wird Hg mit H_2S ausgefällt. Kobalticyanid wird durch HgO nicht zersetzt!! — $FeCy_6$ läßt sich auch durch $Cu^{\cdot\cdot}$ oder $Cd^{\cdot\cdot}$-Salz ausfällen. Cu und Cd-Überschuß im Filtrat wieder mit H_2S in saurer Lösung.

mit $PbO_2 + HNO_3$ zu CO_2 oxydiert werden[1]). Entfernung von Borat, SiF_6, SiO_3 auch durch Glühen mit NH_4F und H_2SO_4.

Entfernung von PO_4,

der häufigst vorkommenden störenden Sz., kann man auf zwei verschiedenen Wegen erreichen (wobei vorausgesetzt sein soll, daß ev. Tartrat usw. bereits entfernt sind):

1. Man entfernt PO_4 vor der $(NH_4)_2S$-Fällung. Der weitere Analysengang verläuft dann wie gewöhnlich.

2. Man fällt, ohne PO_4 zu entfernen, zuerst einen „falschen" $(NH_4)_2S$-N.

Außer $(NH_4)_2S$-Metallen kann derselbe dann enthalten PO_4 und alkalische Erden. Von beiden ev. nicht die ganze Menge: Im Filtrat kann noch sein PO_4 (dann ist es frei von alkal. Erden) oder noch alkal. Erden (dann ist es frei von PO_4). — Der „falsche" N. könnte auch nur aus alkal. Erdphosphaten bestehen und von $(NH_4)_2S$-Metallen ganz frei sein. Aus der Lösung eines solchen „falschen" N's in Säure hätte man PO_4 zu entfernen und dann die Metalle der $(NH_4)_2S$-Gruppe von etwa darin vorhandenen alkalischen Erden auf dem gewöhnlichen Wege zu trennen. Auch im Filtrat des „falschen" $(NH_4)_2S$-N's hätte man ev. noch darin vorhandenes PO_4 abzuscheiden und dann auf Alkalien zu prüfen, oder wenn noch alkalische Erden darin sind, den gewöhnlichen Gang zu befolgen, wobei natürlich der aus dem $(NH_4)_2S$-N'e herausgeholte Teil alkalischer Erden mit der aus dem $(NH_4)_2S$-Filtrat mit Ammoncarbonat gefällten Partie zu vereinigen wäre. — Der Analysengang wird dadurch scheinbar viel verwickelter.

Wie praktisch am besten zu verfahren ist, hängt davon ab, wie PO_4 und alkal. Erden sich bei Probefällungen mit $(NH_4)_2S$ und mit Ammoncarbonat verteilen. Wenn einer

---

[1]) Ausfällung von Oxalat als Ca- oder Pb-Salz oder Auskochen mit Sodaüberschuß erfaßt nur die einfachen Oxalate: Die stark komplexen werden durch $CaCl_2$ erst bei Zusatz von NH_3 gefällt. Macht man hinterher wieder essigsauer, so geht das mitgefällte Hydroxyd in Lösung, auf dem Filter bleibt Ca-Oxalat. —

$K_4Fe(CN)_6 + 3\,H_2C_2O_4 \rightarrow 2\,K_2CO_2 + FeO + 3\,CO + CO_2 + 6\,HCN$. Ferrocyanid und Oxalsäure zerstören sich gegenseitig bei trockenem Erhitzen (C. 38, 2, 2309).

von beiden Bestandteilen an verschiedene Stellen „verzettelt“ wird, d. h. sowohl im N. als auch im Filtrat erscheint [1]), so ist PO_4-Abscheidung vor der Sulfidfällung vorzuziehen. In allen übrigen Fällen dagegen, nämlich a) wenn bei Probefällung alles PO_4 ins Filtrat geht (eine von Tartrat etc. freie Sz. könnte dann weder Al und Cr, noch Erdalkali im N., und das PO_4-haltige Filtrat nur noch Alkali enthalten) oder wenn umgekehrt alles PO_4 im N. sitzt, mögen alkalische Erden (incl. Mg) dabei b) ganz im N., oder c) ganz im Filtrat sein, oder d) überhaupt fehlen — in solchen Fällen ist es mindestens ebenso einfach, zuerst eine „falsche“ $(NH_4)_2S$-Fällung zu machen. Für a, c und d leuchtet das ohne weiteres ein. Aber auch im Falle b erreicht man dadurch den Vorteil, daß die wenig einfache Trennung der Alkalien vom Mg fortfällt. Daß man nach dieser Methode als falschen $(NH_4)_2$-N. unter Umständen einen solchen erhält, der überhaupt keine Metalle der Gruppe, sondern nur alk. Erdphosphate enthält — was mit NH_3 allein auf bequemerem Wege zu erreichen gewesen wäre —, ist freilich ein Nachteil. Wenn eine PO_4-haltige Sz. daher bei der Probefällung einen völlig farblosen alles PO_4 enthaltenden $(NH_4)_2S$-N. gibt, der nur Al, Zn, Mn und alkal. Erden enthalten kann, so verzichtet man vielleicht besser auf $(NH_4)_2S$-Fällung in der Hauptmenge, scheidet direkt PO_4 ab; im essigsauren Filtrat vom ausfallenden, alles Al und PO_4 enthaltenden N. fällt man Zn mit H_2S, und das H_2S-frei gemachte Filtrat davon mit NH_4OH. Die von MnS abfiltrierte Lösung würde dann Erdalkali- und Alkali-Ionen enthalten und in üblicher Weise zu verarbeiten sein.

---

[1]) Eine beim Neutralisieren der mit genügend Seignette-Salz versetzten HCl-Lösung des PO_4-haltigen Sulfid-N's mit Soda entstehende Fällung zeigt alkalische Erden an. (Kontrolle durch Umfällung als Oxalat oder Sulfat: Abfiltrieren, Lösen in HCl, Zusatz von Ammonoxalat + Na-Azetat, oder von Na_2SO_4.) Bei Gegenwart von viel Zitrat bleiben alkalische Erdphosphate auch beim Entsäuern gelöst, so daß der angegebene Nachweis dann mißlingen kann. — Prüfung auf PO_4 in üblicher Weise mit Molybdat.

Praktische Ausführung der PO_4-Trennung

Eine kleine Probe der von anderen störenden Sz'en freien Lösung fällt man mit $(NH_4)_2S$ und prüft die Lösung des N's in S. und das Filtrat beide auf alk. Erden und auf PO_4 wie oben angegeben. Je nach Ausfall dieser Probe wählt man die Methode entsprechend dem oben Gesagten. Die Abscheidung von PO_4 muß geschehen durch Bindung an ein Metall, das ein auch in S. unlösliches Phosphat bildet. Der zuzusetzende Reagensüberschuß muß leicht entfernbar sein. Man vermeidet im allgemeinen Stoffe als Reagens zu nehmen, auf die erst noch geprüft werden soll. Von den gebräuchlichen Methoden der PO_4-Abscheidung, als Stanniphosphat (in HNO_3 unlöslich) oder als Ferriphosphat (in Essig-S. unlöslich), widerspricht die letzte jenem Grundsatz. Doch ist die Prüfung auf Eisen unabhängig vom Analysengang vorher leicht ausführbar durch Berlinerblaubildung. Die Methode ist sonst sehr empfehlenswert. Nach evtl. Oxydation von Eisen mit HNO_3 [1]) „neutralisiert" man eine Probe der Lösung [2]) so genau wie nur möglich [3]) und setzt überschüssiges „neutrales", d. h. amphoteres (!) NH_4-Azetat (oder wenn nicht auf Alkali zu prüfen, Na-Azetat) zu. Ohne einen entstehenden N. [4]) abzufiltrieren, setzt man tropfenweise stark dil. $FeCl_3$-Lösung zu, bis deutlich rot [5]), verdünnt aufs 2–3-fache, erhitzt zum Kochen und filtriert eine ganz kleine

---

[1]) Fe kann auch durch H_2O_2-Zusatz zu der fertigen Azetatlösung oxydiert werden.

[2]) d. h. je nach Wahl der Methode das Filtrat des H_2S-N's (oder bei Abwesenheit von H_2S-Me. die ursprüngliche Lösung) oder die Lösung des $(NH_4)_2S$-N's in HCl oder die Lösung der alkalischen Erden bei Abwesenheit von Me. der $(NH_4)_2S$-Gruppe.

[3]) Man setzt Soda in ganz kleinen Anteilen zu und schwenkt jedesmal sofort um, bis der anfangs gebildete N. allmählich wieder gelöst ist. Zeitreaktion, unbedingt in der Kälte auszuführen, da Hitze die Hydrolyse fördert und der Auflösung des N's hinderlich ist. Farbänderung der Lösung beim Entsäuern! — Verarbeitet man die Hauptmenge, ohne $(NH_4)_2S$ zu verwenden, so muß mit NH_3 entsäuert werden statt mit Na_2CO_3, da auf Na ja noch später zu prüfen ist.

[4]) PO_4 von Fe, Cr, Al; ev. NH_4-Doppelphosphate (z. B. von Zn); Oxalate u. ä. Salze alkalischer Erden.

[5]) Von Ferriazetat; dabei geht der N. ganz oder teilweise wieder in Lösung.

Probe durch ein F. F. Ist das Filtrat, das deutlich lakmussauer sein muß, nicht völlig farblos und nicht frei von PO_4 [1]), so löst man am besten den N. nach Erkalten wieder, um ihn von neuem zu entsäuern und mit mehr $FeCl_3$-Zusatz zu fällen. Ist es farblos und frei von PO_4, so wird die ganze Lösung in kleinen Anteilen [2]) ebenso behandelt. Im N. sind zu suchen Fe, Al, Cr und PO_4 [3]), im Filtrat Zn, Mn, Co, Ni, alk. Erden und Alkalien [4]).

Kocht man eine PO_4-haltige Lösung mit Sodaüberschuß, so enthält die von den Metallsalz-N'en abfiltrierte Flüssigkeit nur einen Teil des PO_4. Auch durch Schmelzen mit Soda gelingt es nicht immer, alles PO_4 in den H_2O-Extrakt der Schmelze zu bringen. Die notwendige Abtrennung von PO_4 auf diesem Wege zu erreichen, ist also nicht möglich.

Für die zweite „klassische" Abscheidung von PO_4 als Zinn-Vbdg. wird zunächst die Lösung durch mehrfaches Abrauchen mit HNO_3 von Salzsäure befreit. Man setzt dann granuliertes Zinn oder Stanniol zu, dampft mit HNO_3 ein bis zur beginnenden Trockne [5]) und extrahiert mit sehr dil. HNO_3. Ungelöst zurück bleibt PO_4 gebunden an $Sn^{\cdot\cdot\cdot\cdot}$ [6]), und Metazinnsäure (H_2SnO_3), oft etwas verunreinigt durch eingeschlossenes Fe und Al [Prüfung darauf nach Extraktion der Zinn-Vbdg. mit $(NH_4)_2S$]. Das Filtrat muß völlig PO_4-frei sein (Probe)! und enthält sonst alle Elemente, die vorher in Lösung waren [7]). Bisweilen ist die Filtration durch schleimige Beschaffenheit des Rückstandes äußerst erschwert. Man

---

1) Probe mit Ammonmolybdat.

2) Jeweils immer so viel als auf einmal filtriert werden kann.

3) Trennbar mit NaOH + H_2O_2 (wie bei Abwesenheit von PO_4), wenn Oxalate usw., deren alkal. Erdsalze sonst im N. sein könnten, vorher entfernt sind.

4) In üblicher Weise mit $(NH_4)_2S$ usw. nach dem gewöhnlichen Gang trennbar oder einfacher durch Spezialtrennungsmittel.

5) Einfacher ist es, Zinn in Form von Pinksalz (Ber. 1916, 2416) oder kolloidaler Zinnsäure zu verwenden.

6) Als Stanniphosphat oder komplexe Phosphorzinnsäure oder kolloidale Zinnsäure mit adsorbierter H_3PO_4.

7) Oft enthält es etwas Blei (als Verunreinigung des Handelszinns), das mit H_2S als PbS abgeschieden wird. Es wird sogar empfohlen, etwas Bleisalz zuzusetzen, weil PbS und Zinnsäure zusammen sich besser filtrieren lassen.

tut gut, dann eine neue Probe in Arbeit zu nehmen. — Obgleich wenig in Anwendung, sei auch die Abscheidung in Form des in HNO_3 fast unlöslichen $BiPO_4$ erwähnt. Man neutralisiert die salpeter- oder salzsaure Lösung so gut wie nur möglich, ebenso eine Lösung von $Bi(NO_3)_3$ in HNO_3 [1]). Beim Vermengen beider und nachfolgendem Erhitzen fällt $BiPO_4$ gut filtrierbar aus. Man filtriert nach dem Erkalten. Der Bi-Überschuß wird im Filtrat durch H_2S entfernt. — Auch PO_4 Abscheidg. als Pb-Salz ist in der Literatur beschrieben. (Anorg. 138, 79.)

Vorprüfungen

Es ist ratsam, sich zuerst durch Vorproben mit der, wie oben beschrieben, vorbehandelten Sz. zu orientieren, mit welchen Kationen man wohl zu rechnen hat, bevor man aufs Geratewohl die Analysenlösung mit $(NH_4)_2S$ oder die Lösung des $(NH_4)_2S$-N's mit $BaCO_3$ behandelt, während die Sz. vielleicht gar nichts dadurch Fällbares enthält. Wenn alles durch $(NH_4)_2S$ fällbare schon mit Spezial-Reagenzien abgeschieden werden kann, etwa mit NH_3 oder mit NH_4-Azetat, d. h. das betr. Filtrat durch $(NH_4)_2S$ überhaupt nicht mehr gefällt wird, so wendet man zweckmäßig statt $(NH_4)_2S$ gleich diese Spezial-Fällungsmittel an.

Prüfung auf Zn mit H_2S in kalter, schwach saurer Lösung [z. B. direkt im Filtrat der H_2S-Fällung mit etwas Na-Azetat [2])] auf Co—Ni ebenso in der Wärme nach Zusatz von viel Na-Azetat, auf Fe mit K_3FeCy_6 (Berlinerblau), auf Cr und Mn durch alkalische Oxydationsschmelze. Auf Al: Die tunlichst entsäuerte, erdalkali-freie [3]) Lösung erwärmt man mit Bisulfitlauge [4]) im H_2O-Bad, wobei sich, ev. erst nach Herausnehmen, schnellem Abkühlen unter Fernhalten von Luft [5]) und Zusatz von wenig konz. Na_2SO_3-

[1]) Ein beim Nahekommen an den Neutralpunkt sich in flimmernden Kristallen abscheidendes basisches Nitrat braucht nicht abfiltriert zu werden.

[2]) Man läßt z. B. in die nicht mehr stark saure H_2S-haltige Lösung (wenige Tropfen) eine winzige Menge festen Azetats fallen. — ZnS ist übrigens in saurer Lösung leichter quantitativ zu fällen und besser filtrierbar, als mit $(NH_4)_2S$; seine Abscheidung auf diese Weise daher zu empfehlen.

[3]) Filtrat einer Ausfällung mit Na_2SO_4.

[4]) Die Menge muß genügen, wenn Ferrisalz anwesend, das anfangs entstehende blutrote Ferrisulfit zu entfärben (. → Ferrodithionat + Ferrosulfit).

[5]) Verschluß des Glases mit dem Daumen.

Lösung ein farbloser, flockiger Niederschlag bildet, der bald mißfarbig wird. Diese Nachweis-Methode ist nicht immer ganz sicher [1]).

$(NH_4)_2S$-Fällung und ihre Trennung in 2 Untergruppen mit HCl

Wurden die obigen Vorprüfungen nicht ausgeführt, so wird eine sehr kleine Probe des Filtrats des H_2S-N's oder der ursprünglichen Lösung (bei Fehlen von H_2S-Me.), beide nach etwaiger Entfernung störender Substanzen [2]), besonders des Phosphats, mit NH_3 „neutralisiert" [3]) und mit $(NH_4)_2S$ versetzt [4]). Entsteht keine Fällung, geht man mit der Hauptmenge zur Prüfung auf alkalische Erden über, andernfalls

---

1) Al und Cr lassen sich mit alkalischem Tartrat oder Oxalat aus dem $(NH_4)_2S$-N'e herauslösen.

2) Lakmus ist zur Prüfung nicht brauchbar, da auch Neutralsalze der betr. Me sauer reagieren. Man versetzt mit NH_3 bis zur Bildung eines N's, der in einem zurückbehaltenen Teil der sauren Flüssigkeit wieder gelöst wird. Allzu große Sorgfalt unnötig, da Reste freier S. durch $(NH_4)_2S$ abgestumpft, andererseits ev. ausfallende Hydroxyde durch $(NH_4)_2S$ in Sulfide verwandelt werden.

3) Unter NH_4-Cl-Zusatz [um $Mg(OH)_2$- oder Borat-Fällg. zu hindern und den N. besser filtrierbar zu machen]. Meist hat sich genügend NH_4Cl schon durch Neutralisation der Lösungssäure mit NH_3 gebildet. Das verwandte $(NH_4)_2S$ muß frei sein von SO_4 und CO_3, weil sonst alkal. Erden mitfallen.

4) ➡ Anstatt dessen kann man, was in mancher Hinsicht vorzuziehen ist, in die saure Lösung H_2S einleiten und langsam entsäuern, bis Lakmus eben gebläut wird. Vor den dunklen N'en erscheint dabei das weiße ZnS. — Da $(NH_4)_2S$-Überschuß im Filtrat später zerstört wird, könnte dies gleich hier geschehen dadurch, daß man Flüssigkeit und N. kocht (aber ohne daß — durch Hydrolyse von NH_4Cl — saure R. auftreten dürfte), bis die überstehende Flüssigkeit farblos ist. Man filtriert nach einigem Abkühlen. Das Filtrat ist dann gleich verwendungsfähig für Ammoncarbonat-Fällung. Der ausgewaschene N. wäre durch weiteres Waschen mit dil. $(NH_4)_2S$ von ev. vorhandenem Schwefel zu befreien, bevor man ihn in Säure löst.

behandelt man die Hauptmenge wie die Probe [1]). Ein gebildeter N. [2]) kann bestehen aus

$Al(OH)_3$ ZnS	$Cr(OH)_3$	FeS NiS CoS	MnS	Schwefel
weiß	graugrün	schwarz	fleischfarben	weiß [3])

Das Filtrat soll nur eben gelb gefärbt sein durch Überschuß von $(NH_4)_2S$. Ein Tropfen soll schwach, aber deutlich gelb in Filterpapier verlaufen und nach Abfächeln des freien H_2S [4]) einen daneben gesetzten Pb-Azetat-Tropfen in der Berührungszone eben bräunen. Bei Gegenwart von NiS enthält es von diesem etwas gelöst und ist braun bis schwarz gefärbt; weniger, wenn reichlich NH_4Cl zugesetzt wird. Der N. darf nicht erst später ausgewaschen werden. Er wird vielmehr, um Oxydation und Kolloidalwerden zu verhüten, *sofort* mit einer indifferenten heißen Salzlösung (NH_4Cl + NH_3), danach kurze Zeit mit kochendem H_2O *völlig*

---

[1]) Der N. filtriert wegen schleimiger Beschaffenheit oft sehr langsam. Gegenmittel: NH_4Cl-Zusatz, tropfenweiser $(NH_4)_2S$-Zusatz zur heißen Lösung, heiß filtrieren.

[2]) Von durch H_2S ungenügend abgeschiedenen Kationen könnte am ehesten Cd hier mit ausfallen, das bei weiterer Behandlung dem Zn folgen würde.

[3]) Schlüsse aus der Farbe des N's: Die grüne Farbe kann verdeckt sein durch ein schmutziges Grau. Eisensulfid-Spuren können die wenig farbigen Niederschläge grün färben und Cr vortäuschen. Nicht allzuselten, besonders bei Abwesenheit von Fe ist die Fällung nicht ganz vollständig. Spuren können ganz gelöst bleiben. Man sorge für genügende Konzentration und Entfernung allzu reichlicher NH_4-Salzüberschüsse. Al würde sich übrigens bereits bei der Vorprobe auf alkalische Erden mit NH_3 finden. Mn würde mit jenen als Carbonat gefällt und bei der Trennung dem Ca folgen oder ins Filtrat vom Ca-Oxalat geraten. Zink würde in der NH_3-Lösung der folgenden Gruppen in Lösung bleiben und zu den Alkalien geraten.

[4]) Bei Fällung von Al und Cr wird H_2S frei. Dieser könnte das Pb-Salz schwärzen, noch bevor $(NH_4)_2S$-Überschuß vorhanden ist. (Vermeidbar durch Verwendung von $Co^{\cdot\cdot}$ oder $Ni^{\cdot\cdot}$ statt $Pb^{\cdot\cdot}$).

ausgewaschen [1]). Eine Probe des N's wird mit HCl erwärmt [2]). Bleibender Rückstand [3]): Schwefel [4]) und Sulfide von Co und Ni, von denen nur geringe Mengen sich lösen. Um dies möglichst ganz zu vermeiden, verwendet man bei ihrer Anwesenheit in der Hauptmenge zur Trennung kalte n/2 HCl [5]) und leitet gleichzeitig H_2S ein; bei ihrer Abwesenheit nimmt man warme stärkere HCl (10 %). Zu tunlicher Vermeidung von S'n-Überschuß trägt man die Sulfide in die Säure ein. Das Filtrat kann enthalten:

Untergruppe 1: Fe, Al, Cr—Zn, Mn

Ihre Trennung beruht auf dem verschiedenen Verhalten der 2- und 3-wertigen. Da Eisen (Probe mit K_3Cy_6Fe: blauer N.) infolge Reduktion durch $(NH_4)_2S$ immer als $Fe^{\cdot\cdot}$ vorliegt, so muß es zu $Fe^{\cdot\cdot\cdot}$ oxydiert werden. Die salzsaure Lösung wird daher zur Vertreibung vom H_2S stark gekocht [6]), filtriert und dann mit ein paar Tropfen HNO_3

---

[1]) Bis das Filtrat farblos und mit $BaCl_2$ + HCl nicht getrübt wird, also völlig sulfatfrei ist. (Wichtig!) SO_4'' würde die folgende $BaCO_3$-Trennung vereiteln, weil Zn und Mn in Form ihrer Sulfate natürlich ebenfalls von $BaCO_3$ gefällt werden. Wenn die Sz. also auch nur Me. dieser Gruppe, aber zugleich Sulfat enthält, kann doch die Fällung mit $(NH_4)_2S$ nicht etwa erspart werden. Wählt man die Azetatmethode zur Trennung, so stört dagegen Sulfatgehalt nicht.

[2]) Die Säure darf nicht aus der Vorratflasche auf den Sulfidniederschlag gegossen werden. Entsteht dabei kein H_2S, so kann der N. nur Al, Cr, Co und Ni enthalten.

[3]) Bleibt scheinbar alles oder doch viel ungelöst, so prüft man, ob die S. überhaupt etwas gelöst hat (außer Co, Ni-Spuren) mit Spezial-R'en.

[4]) Schwefel kann in Säure lösliche Sulfide so umhüllen, daß sie säureunlöslich scheinen. (Gegenmittel: Wegwaschen des Schwefels mit dil. warmer $(NH_4)_2S$-Lösung).

[5]) Es kann natürlich öfter wiederholter Extraktion bedürfen, bis kalte n/2 HCl alles säurelösliche herauslöst. (Probe auf Vollständigkeit!) Man kann auch beide Gruppen in zwei verschiedenen Proben aufsuchen. Um für Prüfung auf Co-Ni Untergruppe 1 schnell zu entfernen, nimmt man heiße, etwas stärkere Säure: um ein sicher Co-Ni-freies Filtrat zu bekommen, um geringe Co-Ni-Mengen nicht zu übersehen, nimmt man dagegen kalte n/2 HCl.

[6]) Sonst kann durch Einwirkung der nachher zugesetzten HNO_3 Sulfat entstehen, das die Trennung mit $BaCO_3$ stört. — Manchmal wird empfohlen, die Lösung zur Entfernung der S'n abzudampfen. Da schwächere Salzsäure sich dabei zunächst konzentriert bis zu 20 %,

erwärmt. Wenn die vorrübergehend auftretende dunkelbraune Farbe heller geworden, ist die Oxydation beendet: Mit einem Kristallsplitterchen K_3Cy_6Fe tritt keine Bläuung mehr ein [1]). Es kann auch mit H_2O_2 oxydiert werden, was besonders bei der Azetatmethode vorzuziehen ist.

a) $BaCO_3$-Verfahren

Die Lösung darf keine Spur SO_4 enthalten (Prüfen mit $BaCl_2$ und ev. ausfällen). Man neutralisiert annähernd mit Soda [2]) (nicht mit NH_3) und gibt in H_2O aufgeschlämmtes $BaCO_3$ in der Kälte — heiß kann Zink mit ausfallen — im geringen Überschuß hinzu. Da $BaCO_3$ sehr wenig löslich ist, so beansprucht die R. längere Zeit (5′) und muß durch Schütteln [3]) unterstützt werden. (Weiter im Text S. 96): Die Fällung ist beendet ... weiter S. 99.

---

so müßte man fast bis zur Trockne eindampfen. Dabei aber wird Fe und Al leicht in unlösliche Form übergeführt, wenn man nicht durch ständiges Rühren einer Überhitzung der an den Rändern sich ausscheidenden Salzkrusten vorbeugt. Die Oxydation von Fe mit HNO_3 verlangt allerdings eine nicht zu verdünnte Lösung und läßt das Eindampfen sonst zweckmäßig erscheinen. — Fe-Oxydation auch mit Br und Azetat.

1) ➡ Die gewöhnlich noch stark saure Lösung (wenige Tropfen) muß zu dem Zweck stark verdünnt werden. Eine Bläuung kann sonst durch Zersetzung des Ferricyan-Komplexes eintreten.

2) $BaCO_3$ allein würde schon neutralisieren, doch kommt dann unnötig viel Ba ins Filtrat. NH_3 statt Soda zu nehmen, ist nicht unbedenklich, weil das Zn-Mn-haltige Filtrat dann NH_4-Salz enthält, wodurch die Fällung mit NaOH behindert werden kann. Man muß die Sodalösung zur ganz kalten sauren Lösung in sehr kleinen Teilmengen unter ständigem Umschwenken zufügen und mit neuem Zusatz warten bis sich der erst entstehende N. wieder völlig gelöst hat. Eine nicht mehr verschwindende geringe Fällung wird in dem zurückbehaltenen sauren Teil der Flüssigkeit gelöst. In der sauren Lösung überwiegt die grüne Cr-Farbe, in der stark entsäuerten die braune von kolloid-gelöstem $Fe(OH)_3$. Bei stark überwiegendem Cr-Gehalt und zurücktretendem Fe-Gehalt tritt eine grünrote Schillerfarbe auf. (Bequemer Indikator genügender Entsäuerung.)

3) Das geeignetste Gefäß hierfür ist ein sog. Kochkölbchen.

Haupt-Niederschlag

$Fe(OH)_3$ $Al(OH)_3$ $Cr(OH)_3$ $BaCO_3$-Überschuß

in kochend heißer dil. HCl gelöst [1]) [CO_2 entweicht] [2])

$FeCl_3$ $AlCl_3$ $CrCl_3$ $BaCl_2$ HCl-Überschuß

mit H_2SO_4 [3]) heiß gefällt und filtriert (F. F.)

Filtrat:	**Niederschlag:**
$Fe^{\cdot\cdot\cdot}$ $Al^{\cdot\cdot\cdot}$ $Cr^{\cdot\cdot\cdot}$; HCl und H_2SO_4-Überschuß + NaOH-Überschuß (nach S. 8) Niederschlag: **$Fe(OH)_3$**. Lösung: **$Al(ONa)_3$, $Cr(ONa)_3$**, NaCl, Na_2SO_4 NaOH-Überschuß. Ohne zu filtrieren, versetzt man mit Bromwasser oder H_2O_2 [4]), erwärmt erst schwach, dann stärker, bis der Br-Überschuß verschwunden, und filtriert [5])	$BaSO_4$

Niederschlag:	**Filtrat:**
$Fe(OH)_3$ [Zusatz von S'n und K_4Cy_6Fe: Berliner-Blau [7])]	NaBr NaCl, Na_2SO_4, $NaBrO_3$, NaOH **$Al(ONa)_3$ Na_2CrO_4** + HCl bis e b e n sauer, dann + NH_3 bis e b e n alkalisch, und kochen [6]) (neb. NH_3 entweicht N_2 durch Oxydation von NH_3 mit Br).

[1]) Oft will sich der $BaCO_3$-N. nicht ganz in HCl lösen. Entweder ist dann die Salz-S. zu stark ($BaCl_2$ unl. in konz. HCl) und Wasser löst den N. leicht, oder die Lösung enthielt noch Sulfat (das durch Oxydation von H_2S entstanden sein kann), und es ist durch Umsetzung $BaSO_4$ entstanden. Die Gleichung

$$MnSO_4 + BaCO_3 = BaSO_4 + MnCO_3$$

lehrt, daß dann auch die zweiwertigen Me. (zuerst Zn) gefällt werden können, die Trennung mißlungen ist und wiederholt werden muß. Hat man, wie oben empfohlen, vorher $BaCl_2$ zugesetzt, so ist ein solcher Fall ausgeschlossen.

[2]) CO_2 löst etwas $BaCO_3$ und geht als $Ba(HCO_3)_2$ ins Filtrat.

[3]) (Prüfen auf Vollständigkeit der Fällung!) — Nimmt man statt ihrer Na_2SO_4, so wird nachher an Lauge gespart. Die Ausfällung des Ba verhütet, daß unlösliche Ba-Vbdgn. mit Aluminat, Chromit, Zinkat

Niederschlag:	Filtrat:
$Al(OH)_3$ lösl. i. HCl, d. NH_3 wieder gefällt [8]).	($NaCl$, Na_2SO_4, NH_4Cl, NH_3) Na_2CrO_4; + H_2SO_4 od. HNO_3 bis eben sauer, abgekühlt, + H_2O_2: Blaufärbung: Überchromsäure [9])

entstehen, die dem N. beigemengt die Trennung vereiteln. — Im Zn-Mn-haltigen Filtrat bleibt die Fällung von $BaSO_4$ aus, wenn die Lösung irrtümlich vorher Sulfat enthielt, und wenn kein zu dessen Fällung genügender $BaCO_3$-Überschuß verwandt wurde.

4) Filtriert man vor der Oxydation, so bleibt Cr im N. beim Eisen als Eisenchromit. Für Cr ist der Farbwechsel charakteristisch. Die überstehende vorher grüne Flüssigkeit muß durch Behandlung mit Brom rein gelb werden (wie K_2CrO_4-Lösung; zu vergleichen). Gelb gefärbt ist das Filtrat (aber nicht vorher grün) oft auch bei Abwesenheit von Cr; mit NH_4Cl gekocht wird es aber dann völlig farblos.

5) Man filtriere in jedem Falle. Flöckchen von $Fe(OH)_3$ zeigen sich manchmal erst auf dem Filter.

6) Der N. ist sehr durchsichtig und oft schlecht sichtbar, wenn nicht länger gekocht wird. Dadurch kann andererseits die NH_4Cl-Lösung sauer werden, was durch Ergänzung des NH_3 zu verhüten ist. Um Tonerde nicht zu übersehen, filtriere man in jedem Fall (durch ein sehr kleines Filter).

7) Nachprüfung von $Fe(OH)_3$ auf etwaigen Gehalt an Cr: Lösen in HCl und nochmaliges Erwärmen mit NaOH + H_2O_2. Ev. genügt Übergießen des Filterinhalts mit diesem Reagens.

8) Ev. Nachprüfung mit Morin oder alizarinsulfosaurem-Na; Co-Blaubildung bei Glühen mit Co-Nitrat ist weniger brauchbar. — ➡ Tritt an dieser Stelle eine im Verhältnis zur angewandten Sz. sehr geringe Fällung auf, so muß entschieden werden, ob diese nicht aus den Reagenzien stammt. In Glas aufbewahrte Alkalilaugen enthalten nämlich stets Aluminat und Silikat. Man verwendet daher frisch bereitete Lauge oder macht mit der gleichen Menge derselben Lauge, wie verwendet wurde, einen Leerversuch oder ersetzt Alkalilauge durch frisch hergestelltes Barytwasser. Verwiesen sei auch auf die Sulfitfällung von Al, oder seine Fällbarkeit (neben Fe und Cr) mit KCN (100 %ig). — Vollends unsicher ist der Al-Nachweis natürlich, wenn Schmelzen im Porzellantiegel vorausgegangen sind.

9) Andere Identifizierung von Cr in der schwach ammoniakalischen Lösung: a) bei Zusatz weniger Tropfen Pb-Nitrat (besser als Azetat) und Essig-S., bis eben sauer, fällt gelbes $PbCrO_4$; abfiltriert und mit NH_3 erwärmt, wird es rot; weiße oder (durch Br) gelbliche N'e, die bei Erwärmen weiß werden, haben nichts zu sagen. Sie bestehen aus Cl′, Br′ oder SO_4 von Pb; b) mit konz. HCl und wenig Alkohol Chlorentwicklung und Grünfärbung. Mit NH_3 fällt dann $Cr(OH_3)$.

Haupt-Filtrat

$ZnCl_2$, $MnCl_2$ (ev. Spur. Co u. Ni), NaCl, $BaCl_2$, $Ba(HCO_3)_2$ (aus $CO_2 + BaCO_3$); bei Erwärm. Trübg.: $BaCO_3$. — Fällen mit heißer H_2SO_4, CO_2 entweicht; Filtrieren (F. F.)

<table>
<tr>
<td rowspan="4">Niederschlag:
$BaSO_4$</td>
<td colspan="3">Filtrat:
$ZnCl_2$, $MnCl_2$ (Co u. Ni-Spuren), NaCl, H_2SO_4-Überschuß</td>
</tr>
<tr>
<td colspan="3">in NaOH-Überschuß [1]) gießen. Kalt [2]) filtrieren.</td>
</tr>
<tr>
<td colspan="2">Niederschlag:
$Mn(OH)_2$ [3]) (ev. Spur. Co u. Ni) bald braun durch Oxydation (sofort bei Übergießen mit dil. H_2O_2 + NH_3) Lösen in HCl und Fällung mit $NH_3 + H_2O_2$.</td>
<td rowspan="2">Filtrat:
[NaCl, Na_2SO_4, NaOH-Überschuß]
$Zn(ONa)_2$.
H_2S fällt: ZnS [5]).</td>
</tr>
<tr>
<td>Niederschlag:
$Mn(OH)_4$ [4])</td>
<td>Filtrat:
Co, Ni-Spuren</td>
</tr>
</table>

---

[1]) Man kann natürlich auch essigsauer machen und ZnS zuerst fällen, und im Filtrat Mn z. B. als $MnNH_4PO_4$. ZnS fällt sogar besser in saurer als in alkal. Lösung und filtriert dann besser.

[2]) Heiß kann Zink in den N. gehen. Man kann auch hier gleich H_2O_2 zur Lauge setzen [wobei sofort braunes $Mn(OH)_4$ ausfällt]., muß dann aber im zinkhaltigen Filtrat H_2O_2 zerstören, um Abscheidung von S aus H_2S zu hindern.

[3]) Normalerweise sind NH_4-Salze, die die Fällung hindern würden, hier nicht vorhanden. In stark verdünnter Lösung fällt $Mn(OH)_2$ durch NaOH erst nach dem Konzentrieren durch Eindampfen. Dann ist abzukühlen, damit $Zn(OH)_2$ wieder in Lösung geht. Identifizierung auch durch Permanganatbildung mit $Pb_3O_4 + HNO_3$, oder durch alkalische Oxydationsschmelze. Versehentlich kann an dieser Stelle ein nicht braun werdender N. ausfallen: [$Mg(OH)_2$].

[4]) Eventuell noch: Lösen des N's in HNO_3 + wenig H_2O_2 oder Oxalat und Abscheidung als NH_4MnPO_4 (Aufheben der Übersättigung durch Kratzen).

[5]) ZnS fällt oft mit schmutzig rosa Farbe, ähnlich MnS. Ein mißfarbiger N. wird mit kalter n-HCl extrahiert, H_2S eingeleitet und durch allmählichen Azetat-Zusatz entsäuert: ZnS fällt rein weiß. Ein gelber N. könnte aus hierher verschlepptem CdS bestehen. — Wenn nur wenig freie NaOH vorhanden ist, löst sich der ausfallende Zn-Niederschlag bisweilen bei weiterem Einleiten wieder auf. Nachträglicher Laugenzusatz erzeugt ihn dann wieder ($Zn(SH)_2 + NaOH = ZnS + NaSH + HOH$). Bleibt die ZnS-Fällung in alkal. Lösung aus, so probiere man stets auch eine in essigsaurer Lösung. Zn kann auch, vielleicht besser, als Ferrocyanid identifiziert werden (schwer l. in NH_3 und Lauge und dil. Säure).

Die Fällung ist beendet, wenn nach dieser Zeit am Boden des Gefäßes überschüssiges pulveriges weißes $BaCO_3$ absitzt, das auch in einer rein weißen Fällung von $Al(OH)_3$ leicht zu unterscheiden ist [1]).

Die überstehende Flüssigkeit soll farblos sein. Bei Gegenwart von Co ist sie schwach rosa. Man filtriert und wäscht mit kaltem Wasser völlig aus. Alles Weitere enthält die Tabelle, S. 96 ff.

b) Azetat-Verfahren

Das Verfahren ist für Cr nur brauchbar neben $Fe^{\cdots}$, gegebenenfalls [2]) setzt man daher $FeCl_3$ zu.

Die salzsaure Lösung des $(NH_4)_2S$-N's wird (nach Oxydation von Ferrosalz) sorgfältig entsäuert. Bei Gegenwart von Fe und Cr zeigt die Flüssigkeit schließlich deutlichen Farbwechsel; im durchfallenden Licht klar, erscheint sie im

<table>
<tr><td rowspan="4">Niederschlag:
Al, Fe, Cr als bas. Azetate getrennt wie oben (S. 96)</td><td colspan="3">Filtrat
ZnCl$ZnCl_2$, $MnCl_2$ (ev. Spuren Co u. Ni)
NaCl Essigsäure Na-Azetat
Erhitzen + H_2S.</td></tr>
<tr><td colspan="2">Niederschlag:
ZnS (ev. durch CoS oder NiS schwarz [3]). Lösen in S., Wegkochen von H_2S; + NaOH Überschuß:</td><td rowspan="3">Filtrat
$MnCl_2$, H_2S-Überschuß [NaCl, Essig-S.]
+ NaOH-Überschuß:
N.: MnS (auf dem Filter braun durch Oxydation).</td></tr>
<tr><td>Niederschlag:
$Co(OH)_2$
$Ni(OH)_2$</td><td>Filtrat:
$Zn(ONa)_2$ läßt bei erneutem H_2S-Einleiten jetzt rein weißes ZnS fallen</td></tr>
</table>

[1]) Allerdings ist in diesem Falle vorzuziehen die Azetatmethode oder eine der mit NaOH oder NH_3.

[2]) Bei Abwesenheit von Fe hat man daher zunächst auf Cr zu prüfen (Perle, alkal. Oxyd.-Schmelze oder Überchromsäure-R.)

[3]) In sehr schwach essigsaurer Lösung kann der N. manganhaltig sein und sieht dann rötlich aus.

auffallenden trüb [1]). Man setzt dann reichlich Na-Azetat [2]) hinzu, verdünnt stark und kocht. Zunächst nur eine Probe im Reagensglas. Der N. muß flockig sein und gut absitzen. Bei falscher Behandlung ist er bisweilen schleimig, verstopft die Filterporen und schäumt stark. Man löst dann wieder und wiederholt die Fällung. Das Filtrat muß ganz farblos sein. Da Spuren N. oft erst auf dem Filter sichtbar werden, so filtriert man in jedem Fall. Ein Nachteil der Methode ist die starke Verdünnung des Filtrats, die besonders dem Mn-Nachweis abträglich ist. Beim Ausbleiben von N'en im Filtrat dampft man stark ein und wiederholt die Prüfung auf Zn und Mn. Einzelheiten siehe Tabelle S. 99.

Untergruppe 2: Co und Ni

Die in HCl unlöslichen Sulfide [3]) werden in wenig Königswasser gelöst, von ausgeschiedenem Schwefel abfiltriert (F. F.) und eine kleine Probe zur Trockne gedampft. Farbe des Rückstandes? [grün Nickel [4]), rot oder blau Kobalt [5])].

a) Eine winzige Probe mit reichlich NH_4CNS-Kristallen und ganz wenig H_2O (Uhrglas): Blaufärbung [ev. erst bei Zusatz von Alkohol, und wenn Blutrotfärbung ($Fe^{\cdots}$) eintritt, erst bei Bestreuen mit Alkalifluorid] zeigt Co an. Bei Alkohol-Zusatz kommt man mit viel weniger Rhodanid aus [6]). Eine andere Probe mit NH_3 und wenig H_2O_2 erwärmt, gibt ein blaues Filtrat [Rückstand $Fe(OH)_3$, $Co(OH)_3$], das, nach Zerstörung von H_2O_2, mit reichlich alkoholischer Dimethyl-

---

1) Einen etwaigen geringen N. löse man nicht in E. S., sondern in etwa zurückbehaltener saurer Flüssigkeit.

2) Das M.-W.-Gesetz fordert für die R. Fe-Azet. + aq. = bas. Fe-Azet. + Essig-S. viel Wasser und möglichste Abwesenheit freier S. Daher wirkt ein Überschuß von essigsaurem Natron günstig, weil er die Dissoziation der Essig-S. noch weiter herunterdrückt.

3) Das in HCl Unlösliche kann unter Umständen $CaSO_4$ oder CaF_2 enthalten. — Statt Königswasser auch dil. E. S. + H_2O_2.

4) Grünfärbung ev. auch durch verunreinigende Fe-Salze.

5) In Gemischen durch Komplementärwirkung beide abgeschwächt, ev. ganz farblose Co, Ni-Lösungen.

6) Steht Amylalkohol zur Verfügung, so löst sich das Blau in ihm.

glyoxim-Lösung (1 %) himbeerrote Fällung oder Färbung gibt: Ni [1]).

b) Abstumpfen freier S. der Königswasser-Lösung mit festem K_2CO_3 bis eben zur Bildung eines N's und Zusatz von viel Alkalinitrit und Essig-S. bis eben sauer. Bei Gegenwart von Co fällt beim Erwärmen gelbes K-Kobaltnitrit [2]).

Nach 12stündigem Stehen kann man das Filtrat auf Ni prüfen. Bequemer versetzt man eine zweite Probe der Königswasser-Lösung mit Soda bis zur Bildung eines N's, der in KCN gelöst wird. (Man wirft ein Stück festes KCN hinein und gießt nach eingetretener Lösung sofort davon ab.) Kocht man die entstandenen Doppelcyanide, so geht Kobalt in das beständige komplexe $Co(CN)_6'''$ über (Farbwechsel). Auf Zusatz von NaOH (oder Na-Azet.) und viel Bromwasser (Abzug!) fällt daher nur $Ni(OH)_3$ (tintenschwarz) [3]). Ist sehr wenig Ni vorhanden, so kann es ganz im Schwefelammon gelöst bleiben, und ist dann in dem beim Kochen und Ansäuern des Filtrats der Gruppe erhaltenen N. zu suchen (S. 105).

Nachtrag zur $(NH_4)_2S$ - Gruppe

Schwächen dieses Teils des klassischen Analysenganges bestehen in folgendem:

1. a) $(NH_4)_2S + NH_3$ setzt nicht alle Glieder der Gruppe in gleicher Weise um zu Sulfiden, Al und Cr vielmehr zu Hydroxyden und daher ev. zu Phosphaten. b) Es zersetzt Komplexe einiger Metalle der Gruppe nicht (z. B. Cyanide, Tartrate, Oxalate). c) Infolge mangelnder Azidität können alkalische Erden als Phosphate usw. mitfallen.
2. Die Abtrennung von Co—Ni durch HCl ist nicht genau. Spuren davon können übersehen werden.
3. Die $BaCO_3$-Methode ist umständlich, die Azetat-Methode bei Gegenwart von Cr nicht unbedingt genau.

---

[1]) Ferrosalze, die ähnliche Färbungen geben, müssen fehlen oder durch Tartrat unschädlich gemacht oder als $Fe(OH)_3$ ausgefällt sein (Z. f. öff. Ch. 1921, 14, 163). Auch starker Co-Gehalt stört die Farb-R.

[2]) Kaliumhexanitritokobaltiat.

[3]) Die nötige Menge Bromwasser steigt mit der des verwendeten KCN, das Br zur Oxydation verbraucht. (NH_4-Salze sollen aus demselben Grunde möglichst ganz fehlen.)

4. Der Nachweis geringer Al-Mengen ist unsicher bei allen NaOH verwendenden Methoden.

Die meisten der zahlreichen Abänderungsvorschläge behalten die Hauptfällung mit $(NH_4)_2S$ und die HCl-Trennung für Co-Ni bei.

Zu 3. Das verschiedene Verhalten der Me. gegen NH_3 und NaOH mit oder ohne Zusatz von Oxydationsmitteln kann zur Trennung benützt werden. Geschieht die Hauptfällung mit NaOH, so kann die weitere Trennung mit NH_3 erfolgen und umgekehrt. Zusatz von H_2O_2 oder Br erspart die Oxydation des Eisens mit Salpetersäure und führt Cr in Chromat über.

Fällung mit $NH_3 + NH_4Cl$: N.: Al, Fe, Cr; F.: Zn, Mn. [Mn gerät bei Mangel an NH_4Cl oder durch Oxydation leicht in den N.]

Fällung mit $NH_3 + H_2O_2$: N.: Al, Fe, Mn; F.: Zn, Cr. Bisher ist es nicht gelungen, diese aussichtsreich erscheinende Methode einwandfrei durchzuführen ($NH_3 + H_2O_2$ oxydiert Cr^3 schwer und unvollständig).

Kochen mit NaOH-Überschuß: N.: Fe, Cr, Mn; F.: Al, Zn (Zn—Cr-Trennung unvollständig; Zn bleibt z. T. im N.).

Fällung mit NaOH + Br oder H_2O_2: N.: Fe, Mn; F.: Al, Zn, Cr. (Ausführung siehe unten.)

Oxydierende Azetat-Trennung

(vgl. Miller-Kiliani, Kurz. Lehrb. d. anal. Ch.).

Der mit Soda gut entsäuerte HCl-Extrakt des $(NH_4)_2$-S-N's wird gekocht mit Na-Azetat und Br-Wasser: N.: Fe, Al, Mn [als $Mn(OH)_4$]. Heiß auswaschen. In möglichst wenig konz. HCl lösen (Cl-Entwicklung). Weitere Trennung mit Azetat: CrO_4''; ZnO_2''-Trennung wie unten bei NaOH—H_2O_2-Trennung beschrieben.

Zu 2. Die eben genannten Methoden könnten auch auf eine noch Co und Ni enthaltende Lösung ausgedehnt und so die nicht ganz genaue Trennung dieser mit dil. HCl ersetzt werden. Dabei würden sich Co und Ni dem Eisen bei Behandlung mit NaOH oder NaOH + H_2O_2, dem Zn dagegen bei Anwendung von NH_3 anschließen. — $NH_3 + H_2O_2$ fällt Co, nicht Ni (nicht quantitativ).

NaOH—H_2O_2-Trennung

(Riesenfeld, Anorg. chem. Praktikum.)

Die Lösung des $(NH_4)_2S$-N's in Säure (ev. Königswasser) gießt man in ein Gemisch starker Lauge (20 %) mit H_2O_2 und erhitzt gelinde (starke Gasentwicklung; O_2).

<table>
<tr><td colspan="2">Niederschlag:
$Fe(OH)_3$; $Mn(OH)_4$; $Co(OH)_3$; $Ni(OH)_2$. Heiß auswaschen, in wenig konz. HCl lösen (Cl-Entwicklung). In Gemisch $H_2O_2 + NH_3$ konz. gießen, gelinde erwärmen.</td><td colspan="3">Filtrat
CrO_4''; AlO_2'; ZnO_2''. Zusatz von HCl, bis eben sauer, dann NH_3, bis alkalisch; kurz aufkochen.</td></tr>
<tr><td rowspan="3">Niederschlag:
$Fe(OH)_3$; $Mn(OH)_4$.
Heiß auswaschen, in wenig konz. HCl lösen. Trennung mit Azetat nach S. 99.</td><td rowspan="3">Filtrat:
$Ni(6\,NH_3)^{\cdot\cdot}$ $Co(6NH_3)^{\cdot\cdot\cdot}$[1]. Getrennter Nachweis nach S. 100.</td><td rowspan="3">Niederschlag:
$Al(OH)_3$; Identitätskontrolle mit Morin oder Alizarinsulfosäure. (S. 97, Akg. 8)</td><td colspan="2">Filtrat:
+ E. S. + Na-Azetat + $BaCl_2$ [2])</td></tr>
<tr><td>Niederschlag:
$BaCrO_4$</td><td>Filtrat:
$+ H_2S$ oder $+ K_4FeCy_6$ für Zn</td></tr>
<tr><td colspan="2">oder, nach Reduktion mit konz. HCl, durch NH_3.</td></tr>
</table>

Zu 1. Man hat vorgeschlagen, vor der $(NH_4)_2S$-Fällung eine Vorgruppe einzuschieben durch Fällung mit NH_3. Das Filtrat der H_2S-Gruppe (von H_2S befreit und oxydiert) gibt mit $NH_3 + NH_4Cl$ einen N., der Cr, Fe, Al (und ev. PO_4 neben alkalischen Erden) enthalten kann, während im Filtrat vorhandenes Zn, Mn, Co, Ni, alkalische Erden und Alkalien bleiben. (Etwaiger Oxydation und Mitfällung von Mn kann vorgebeugt werden durch Zusatz von etwas salzsaurem Hydroxylamin.) Durch Fällung mit $(NH_4)_2S$ werden dann im Filtrat Zn, Mn, Co, Ni getrennt von Alkalien und Erdalkalien. Die Methode ist zu empfehlen, wenn im NH_3-Filtrat durch die weiteren Gruppen-Reagenzien nichts mehr gefällt wird, so daß man nach Eindampfen und Glühen gleich auf Alkalien prüfen kann.

Bei allen diesen Methoden wird das Filtrat der H_2S-Gruppe sofort mit alkalischen Mitteln gefällt mit dem Erfolg, daß R'en dabei als „Störungen" in Erscheinung treten, die durch alle möglichen mehr oder weniger einfachen Kunstgriffe beseitigt werden. Verbesserungen können ausgehen von dem Bestreben, neue solche Kunstgriffe [3]) oder von Grund aus andere Verfahren zu finden.

[1]) Nach eigenen Erfahrungen kann Co z. T. im N. beim Eisen bleiben.

[2]) Außerdem Cr-Nachweis durch gelbe Farbe und Blaufärbung bei schwachem Ansäuern einer kalten (!) Probe mit dil. H_2SO_4 und ev. wenig H_2O_2-Zusatz.

[3]) Extraktion von Al, Cr aus dem $(NH_4)_2S$-N'e mit alkalischen Mitteln.

Ein Teil der Störungen wird vermieden, wenn weitere Bestandteile noch in saurer Lösung (unter sorgfältiger Dosierung der Azidität) abgeschieden werden.

Als Fällungsformen kommen in Betracht für alkalische Erden Sulfate und Oxalate, für Fe^3, Al, Cr die Phosphate und basischen Azetate [1]), für Zn, Ni, Co die Sulfide, für Mn, Co, Ni die Superoxyde. Es liegt ferner nahe, gerade die bisher als Störung empfundenen R'en zur Grundlage einer Trennung zu machen (etwa das Verhalten der Oxalate). Systematische Trennungsvorschriften sind bisher nicht zu geben. Es ist auch zweifelhaft, ob einigermaßen einfache solche zu finden sind [2]), die die Störungen ganz beseitigen und nicht nur ihre Zahl vermindern. Der Analytiker findet hier jedenfalls noch ein dankbares Feld einerseits zur Übung im chemischen Denken, indem er von Fall zu Fall auf Grund scharfer Beobachtung die geeignetsten R'en heranzieht, andererseits zur Mitarbeit an der weiteren Vervollkommnung des systematischen Analysenganges.

III. und IV. Ba, Sr, Ca, Mg (alkalische Erden)

Vorbemerkungen

Die auf alkalische Erden zu prüfende Lösung [3]) darf keine durch HCl, H_2S, $NH_3 + (NH_4)_2S$ fällbaren Bestandteile und kein störendes Anion [4]) enthalten (vgl. indes Nachtrag S. 110). Man verwendet also gegebenenfalls das bei jenen Fällungen erhaltene Filtrat.

---

1) Al und Cr lassen sich aus der alkalischen Tartrat- oder Oxalat-haltigen Lösung nach dem Essigsauermachen als Phosphate abscheiden, wenn auch unvollständig. — Ammonium-Metall-Phosphate (z. B. von Zn) können aus schwach saurer Lösung übrigens ebenfalls ausfallen. Nach sorgfältigstem Entsäuern wird auch eine saure Ca- oder Ba-Phosphat-Lösung beim Kochen gefällt.

2) Wenigstens wenn man, wie bisher üblich, sämtliche Metalle dieser Gruppe, auch den als Anionenkomplex vorhandenen Teil derselben (Fe und Co-Cyanide) in Kationenform in den gemeinsamen N. bringen will.

3) Spuren alkalischer Erden können im $(NH_4)_2S$-N. verschwunden sein durch CO_3- und SO_4-Gehalt der dort gebrauchten Reagenzien.

4) Aus nur Erdalkali und Alkali enthaltender Sz. scheidet man PO_4, das häufigste der störenden Anionen, entsprechend den Ausführungen auf S. 89 mit $FeCl_3$ aus der Lösung der Erdalkali-Karbonate in E. S. als $FePO_4$ ab.

Während die Sulfide der Schwermetalle so unlöslich sind, daß auch bei ziemlich starken Verdünnungen mit H_2S alles ausfällt, können von Ca und Mg bei der üblichen Fällung leicht Spuren in Lösung bleiben, wenn die Lösung zu dünn ist. Dies ist besonders der Fall, wenn eine PO_4-Abscheidung nach der Azetat-Methode voranging. Man muß daher gegebenenfalls durch Eindampfen konzentrieren, nicht sofort nach der Fällung filtrieren, sondern einige Zeit (10') warten und mit schärfsten Reagenzien (Oxalat) im Filtrat nachprüfen, ob die Fällung vollständig war. Bei probeweisem Eindampfen zur Trockne kann durch Schwärzung oder Bräunung des Rückstandes, Entwicklung brennbarer Dämpfe u. dgl., übersehene organische Sz. nachträglich entdeckt werden, wobei allerdings zu bedenken ist, daß auch NH_4-Salze kohlige Rückstände hinterlassen (vgl. S. 113).

Die Lösung soll farblos sein. Vorhandene Färbung könnte herrühren von Chrom-Verbindungen oder von organischen Farbstoffen. Ist eine Fällung mit $(NH_4)_2S$ vorangegangen, so muß das gelbe, bei Gegenwart von Fe, Co, Ni möglicherweise geringe Mengen derselben enthaltende, grünlich (durch Fe) oder braun (durch Ni, bisweilen auch durch Co) gefärbte Filtrat von diesen befreit werden. Das geschieht zweckmäßig zunächst durch einfaches Kochen [1]), erst zum Schluß, wenn dann überhaupt noch nötig, unter Zusatz von wenig Essigsäure zu der vorher filtrierten Lösung. Bei sofortigem Säurezusatz würde viel NH_4-Salz entstehen, das später den Alkalinachweis erschwert. Außerdem können durch zuviel S. Fe oder sonstige der $(NH_4)_2S$-Fällung irrtümlich entgangene Elemente ins Filtrat zu den alkalischen Erden gelangen. Der ausgeschiedene weiße oder schwarzgraue Schwefel wird durch ein Doppelfilter (F. F.) abfiltriert, ein trübes Filtrat nochmals unter Zusatz zerfaserten Filterpapiers (Papierpülpe), bis es völlig blank ist. Der abfiltrierte Schwefel kann in Zweifelfällen auf metallische Bestandteile untersucht werden.

a) Die so vorbereitete schwach saure Lösung oder

b) bei Fehlen von Kationen der $(NH_4)S$-Gruppe, das Filtrat der H_2S-Fällung,

---

[1]) Beim Kochen von $(NH_4)_2S$ entstehendes NH_3 könnte Mg zum Teil fällen, wenn die Lösung nicht genug NH_4Cl enthält.

zweckmäßig von H_2S und starkem S-Überschuß [1]) durch Eindampfen befreit und konzentriert oder

c) die ursprüngliche Lösung, wenn sie keine der anderen Gruppen enthielt [2]).

wird zunächst einigen mit sehr wenig Sz. anzustellenden Vorproben unterworfen: Man versetzt mit NH_3 bis alkalisch. Ein N kann herrühren:

1. von $Mg(OH)_2$, (l. l. in NH_4Cl) ev. auch Spur $Al(OH)_3$;

2. von alkalischen Erdsalzen „störender" S'en, z. B. Phosphaten, Oxalaten, Eisencyaniden, Arsenaten, Silikaten, Boraten, Jodaten. (Der Borat-N. ist in viel NH_4Cl löslich.) [3])

→ Diese Anionen müssen entfernt werden. (As^5 kann, natürlich nur durch mangelhafte Abscheidung mit H_2S, an diese Stelle verschleppt werden. Vgl. auch Nachtrag S. 110.)

3. Bisweilen fallen infolge ungenügender vorheriger Fällung mit $(NH_4)_2S$ geringe Mengen dorthin gehöriger Elemente hier aus, z. B. Al (vgl. 1). Bei Zusatz von etwas H_2O_2 auch Mn als $Mn(OH)_4$ (Probe darauf nützlich). In seltenen Fällen [bei ungeeignetem Verhältnis von NH_3 (viel) und $(NH_4)_2S$ (nicht genügend)] entzieht sich Cr der vollständigen Fällung in der $(NH_4)_2S$-Gruppe und findet sich in Form eines nicht einmal sehr unbeständigen NH_3-haltigen Komplexes von Permanganatfarbe hier im Filtrat. (Zerstörung desselben durch Eindampfen mit konz. HCl zur Trockne, Lösen in H_2O und Ausfällen mit NH_3).

Weitere Vorproben (mit geringsten Mengen mit Tropfrohr und Uhrglas anzustellen): Zusatz von Alkaliphosphat zur ammoniakalischen Lösung bewirkt:

---

[1]) Beim Eindampfen verlieren schwächer salzsaure Lösungen zunächst nur Wasser und konzentrieren sich bis auf ca. 20 %. Erst dann verflüchtigt sich HCl und H_2O zusammen.

[2]) Reagiert die Lösung alkalisch, so kann sie Salze der alkalischen Erden nur ausnahmsweise in geringer Menge enthalten, natürlich aber z. B. $Ba(OH)_2$.

[3]) Reagiert die Lösung von vornherein neutral oder alkalisch, so ist die Vorprüfung mit NH_3 meist insofern überflüssig, als die alkalischen Erdsalze jener Anionen, weil nur in S. löslich, nicht vorhanden sein können. Es gibt indessen einige wenige alkalibeständige organische alkal. Erd-Komplexe.

Niederschlag				kein N.
Weitere Proben mit H_2SO_4, und mit NH_4-Oxalat [1]				
Es entsteht	durch H_2SO_4 ein N.	durch H_2SO_4 kein N., durch Oxalat N.	beidemal kein N.	
Behandlung der Hauptmenge	nach dem gewöhnlichen Gang, Fällung mit $(NH_4)_2CO_3$ usw.	Ca-Fällung direkt mit NH_4-Oxal. Filtr. auf Mg und Alkalien prüfen	nur auf Mg und Alkalien zu prüfen	nur auf Alkalien zu prüfen

III. Ba, Sr, Ca (Ammonkarbonat-Guppe)

Unter Zusatz von NH_3 [2]) und von NH_4Cl [3]) werden Ba, Sr, Ca (die alkalischen Erden im engeren Sinne) durch Ammoncarbonat in der Siedehitze [4]) gefällt [5]). (Die ersten gewonnenen Filtratmengen, aus denen ev. Reste Kalk mit Ammonoxalat entfernt wurden, werden gleich auf Mg weiter untersucht und wenn dies vorhanden, die Trennung des-

[1]) Tartrate können in der Kälte die Oxalat-Fällung hindern.

[2]) Wegen Bicarbonatgehalt im gewöhnlichen Ammoncarbonat-Reagens. Ein entstehender N. weist, wenn in NH_4Cl löslich, hin auf Mg, andernfalls auf Phosphat, Oxalat u. dgl. Vgl. Vorbemerkung.

[3]) Um Mg-Salze sicher in Lösung zu halten. Die Gefahr, daß Mg in den N. geht, ist im übrigen nicht groß, auch bei geringem NH_4-Salz-Uberschuß. Auch würde es den Ba-, Sr-, Ca-Nachweis nicht stören und kann im Filtrat der Ca-Oxalatfällung immer noch nachgewiesen werden. Man bedenke darum, ob nicht durch die früheren Reagenszusätze die Lösung von früher her schon genügend NH_4Cl enthält, z. B. dadurch, daß eine vorher saure Lösung mit NH_3 neutralisiert wurde.

[4]) In der Kälte gefällt, entbehrt der N. der genügend dichten kristallinischen Beschaffenheit und Unlöslichkeit in H_2O. Man läßt erkalten (um die Bällung zu vervollständigen) und filtriert die klar abgegossene, wieder erhitzte Fl. für sich und bringt zum Schluß erst den N. aufs Filter.

[5]) Braucht aus irgendeinem Grund auf Alkalien nicht geprüft zu werden, so kann die $(NH_4)_2CO_3$-Fällung erspart werden, da Ba, Sr und Ca alle drei in saurer Lösung gefällt werden können, ohne daß Mg dabei stört, und Mg andererseits in einem (CrO_4-haltigen) Filtrat von der Ca-Oxalatfällung unschwer nachweisbar ist.

selben von den Alkalien begonnen. Sie ist langwierig und kann bequem neben der Prüfung auf Ba, Sr, Ca durchgeführt werden.) Man beachte, daß bei Gegenwart von viel NH_4-Salz die Carbonatfällung für Ca unvollständig bleiben kann [1]). Je mehr NH_4Cl vorhanden, um so mehr Carbonat erfordert die vollständige Fällung. Mit steigendem Gehalt von NH_4OH wird übrigens die lösende Wirkung der NH_4-Salze für Mg gemindert entsprechend der Umkehrbarkeit der Gleichung

$$MgCl_2 + 2\,NH_4OH = Mg(OH)_2 + 2\,NH_4Cl.$$

Daher ist auch der Ammoniakzusatz sparsam zu bemessen. — Der, wie angegeben, gefällte Carbonat-N. der alkalischen Erden wird mit heißem Wasser ausgewaschen und in möglichst wenig Essigsäure (nicht HCl) gelöst [2]).

Eine genaue Trennung ist auf Grund der verschiedenen Alkohollöslichkeit der Nitrate und Chloride [3]) auszuführen: in der Regel genügt der folgende kurze Nachweis:

1 Man versetzt eine Probe der Lösung der Azetate mit überschüssigem $K_2Cr_2O_7$: nur Ba fällt als gelbes $BaCrO_4$ [4]).

---

1) Die bei Mg ausgeprägte Fähigkeit des Carbonats, sich in NH_4-Salz zu lösen, zeigt angedeutet auch Ca. Frisch gefälltes $CaCO_3$ löst sich in konz. NH_4Cl-Lösung. Besonders bei negativem Ausfall der Probe mit Ammoncarbonat ist daher unbedingt geboten, eine Nachprüfung mit Oxalat folgen zu lassen.

2) Enthält die Ursubstanz $SrSO_4$, so geht etwas davon in die salzsaure Lösung und kann durch $NH_3 + (NH_4)_2CO_3$ wieder ausgefällt werden als $SrSO_4$, so daß der N. mit Am.-Carb. dann nicht ganz in Essigsäure löslich ist.

3) $SrCl_2$ in Alkohol löslich, $Sr(NO_3)_2$ in A. unlöslich. Bei Ca sind beide Salze in A. löslich, bei Ba beide unlöslich.

4) Mit n/10 $K_2Cr_2O_7$-Lösung (0,5 %) wird zwar auch 5 %ige azetathaltige $SrCl_2$-Lösung in der Hitze merklich gefällt. Durch E. S. wird aber die Fällung auch stärkerer Sr-Lösung (kalt wie heiß) gehindert. Das bei der R. entstehende Alkaliazetat kann, im Überschuß vorhanden, die Wirkung der E. S. wieder aufheben, wenn der Säure-Überschuß nicht groß genug ist. Wenn er zu groß ist, fällt wieder Ba nicht vollständig aus. Zur Vorsicht löse man den $BaCrO_4$-N. in möglichst wenig HNO_3 und fälle mit Na-Azetat in der gerade genügenden Menge und etwas E. S.: Sr bleibt dann auf jeden Fall in Lösung. — Sr zeigt wie mittlere Glieder von Element-Triaden überhaupt, nur R'en, die wenig spezifisch sind. Alle entsprechen zu sehr solchen von Ba oder von Ca. Die Unterschiede der Stärke der R'en sind nicht genügend groß, daß sie bei dem einen Partner gleich Null gesetzt werden, somit der quantitative oder Grad-Unterschied

(Flammenfärbung?) Man kann vorangehen lassen eine Prüfung durch Zusatz von nicht zu wenig $SrSO_4$-Lösung zu einer Probe. Bei Ba-Anwesenheit feinkristalline Trübung von $BaSO_4$, nicht immer sofort eintretend.

2. Bleibt eine kleine Probe des roten oder gelben Filtrats von 1 mit NH_3 + NH_4-Oxalat klar, so ist weder Sr noch Ca vorhanden. Entsteht eine Fällung, bleibt aber eine weitere Probe mit $(NH_4)_2SO_4$ gekocht klar, so ist kein Sr vorhanden. Immerhin ist zu bedenken, daß $SrSO_4$, wenn auch sehr wenig, in Wasser löslich ist. — Entsteht ein Sulfat-N., der mit HCl befeuchtet durch Flammenfärbung als $SrSO_4$ identifiziert wird, so kann man im Filtrat mit Oxalat auf Ca prüfen nach 4 (unten).

3. Entsteht eine Oxalat- und Sulfatfällung, so kann man auch folgendermaßen auf Sr prüfen. Man sättigt eine größere Menge der essigsauren Lösung des Carbonat-N's heiß mit festem Dichromat. Die nach dem Erkalten abfiltrierte (F. F.) rote Lösung:

a) mit konzentriertem NH_3 bis eben zur Gelbfärbung versetzt, läßt nach Erhitzen oder kurzem Stehen und Schütteln $SrCrO_4$ als Trübung oder N. ausfallen [1];

b) mit Gipswasser (5—7fache Menge + 1 gtt. dil. H_2SO_4) versetzt, trübt sich nach längerem Stehen (bis 10′) durch Ausscheidung von $SrSO_4$ (wolkige Trübung);

c) mit $(NH_4)_2SO_4$ gekocht, läßt nur $SrSO_4$ ausfallen.

in einen wirklich qualitativen übergehen könnte. Es kommt dann besonders viel auf die R's-Bedingungen an. — Der Nachweis geringer Sr-Mengen ist heikel. Dabei gehört Sr zu der Sorte „seltnerer" Elemente, die zwar meist in geringer Menge, aber dafür häufig vorkommen.

[1] $SrCrO_4$ bildet hartnäckig übersättigte Lösungen, nicht nur daß sich die ersten Mengen schwer bilden; die Fällung wird auch langsam vollständig. Außer durch Kratzen mit Glasstab kann die Abscheidung durch Alkoholzusatz beschleunigt werden. Dabei könnte indes K_2CrO_4 mit ausfallen. Verwendet man das Ammonsalz zur Fällung, so kann der durch Alkohol gebildete N. nur aus $SrCrO_4$ bestehen, da $(NH_4)_2CrO_4$ (und $CaCrO_4$) in Alkohol l. ist.

4. Eine Filtratprobe von 3 c, oder der ursprünglichen Azetatlösung oder des Filtrats der Dichromatfällung — beide nach Fällung mit dil. H_2SO_4 in der Hitze (wobei auch ein Teil vom Ca mitausfallen kann) — versetzt man mit NH_3 und oxalsaurem Ammon: N. oxalsaurer Kalk, unlöslich in Essigsäure. Zur Sicherheit prüft man, nach Ausfällung des Kalkes, das Filtrat auf Mg mit Na_2HPO_4. Es soll kein N. entstehen.

Nachtrag zu III.

Vorherige Abscheidung von PO_4 bei Aufsuchung von Ba, Sr und Ca kann umgangen werden, wenn es gelingt, statt mit $(NH_4)_2CO_3$, die Glieder der Gruppe in so saurer Lösung auszufällen, daß Phosphat und Mg gelöst bleiben. Dies ist für Ba und Sr durch Fällung mit H_2SO_4 leicht zu bewirken, fällt man Ca als Oxalat in essigsaurer Lösung, so bleibt zwar Mg u. PO_4 mit höchstens Spuren Ca im Filtrat. Der Ca-Oxalat-N. wird dabei aber leicht durch PO_4 verunreinigt, außer wenn man die Fällung kalt vornimmt und erst hinterher erwärmt, um den N. filtrierbar zu machen.

Auch Oxalat kann man, statt es zu zerstören, zusammen mit Ca abscheiden, da Ba und Sr sich in so saurer Lösung abscheiden lassen, daß kein Oxalat mitfällt, und da Mg bei der Ca-Oxalat-Fällung ebenfalls in Lösung bleibend wie üblich nachgewiesen werden kann. Wenn, wie bei einem Gemisch etwa von $BaCO_3$, $MgCO_3$ und Ca-Oxalat, $Ca^{\cdot\cdot}$ und C_2O_4'' sich gegenseitig gerade vollständig ausfällen, so bedeutet dies Verfahren eine Vereinfachung. Da Ca-Oxalat ein relativ häufiges Salz ist, wird dieser Fall nicht gerade selten vorkommen.

Über eine andere Trennung von Ba, Sr, Ca mit Hilfe der Ferrocyanide vgl. C. 1915, 2, 558. Sr allein gibt dabei keine Fällung. — Auch die verschiedene Löslichkeit der drei Sulfite in Säuren verschiedener Stärke und die Bildung und Kochbeständigkeit der Bisulfite kann zum Nachweis dienen (C. 1911, 1, 1556).

IV. Magnesium

Vorbemerkung

Die auf Mg zu prüfende Lösung darf nichts durch HCl, H_2S, $(NH_4)_2S$, $(NH_4)_2CO_3$, $NH_3 + NH_4Cl$ Fällbares und auch keine störenden Anionen enthalten [1]). Man verwendet also gegebenenfalls das beim Fällen mit den vier genannten Gruppen-Reagenzien und nach Abscheidung von PO_4 erhältliche Filtrat. Häufig findet sich infolge unvollständiger Abscheidung auch bei Anwendung von überschüssigem $(NH_4)_2CO_3$ in ihm Ca. Bei Abwesenheit von Ba, Sr, Ca kann es auch wohl spurenweise Bestandteile der $(NH_4)_2S$-Gruppe enthalten, die der Fällung entgangen sind, wenn die Lösung stark verdünnt und reich an NH_4-Salzen war. Man sorge ev. zunächst für Konzentrierung durch Eindampfen und Wegglühen überschüssiger NH_4-Salze.

Zu einer sehr kleinen Probe gebe man dann NH_3 und NH_4-Oxalat. Ein N. soll nicht entstehen oder soll sich, wenn schon mit NH_3 allein gebildet, bei Zusatz von NH_4Cl leicht lösen, d. h. aus $Mg(OH)_2$ bestehen. Zeigt er sich unlöslich, was normalerweise nur bei Abwesenheit von $(NH_4)_2S$-Gruppe und Ba, Sr, Ca möglich ist [2]), so könnte er aus Mg-Salzen „störender" S'en bestehen, deren Abscheidung dann in der Hauptmenge nach bereits angegebenen Methoden zu vervollständigen ist [3]). Ebenso muß ev. die Abscheidung von Ca als Oxalat vervollständigt werden.

Fällung und Trennung von Alkali

Eine neue Probe der so vorbereiteten, auf Mg zu prüfenden Lösung wird mit Na_2HPO_4, etwas NH_4Cl und NH_3 versetzt, wenn sie nicht, wie meist, die letzten beiden Reagenzien schon von der vorhergehenden Behandlung in genügender Menge enthält. Entsteht — ev. erst beim Reiben mit Glasstab — die kristallinisch flimmernde Abscheidung [4]) von NH_4MgPO_4 — andernfalls geht man zur

---

[1]) Oxalat, Tartrat u. ä. organische Stoffe hindern den Mg-Nachweis an sich nicht. Bei ihrer Zerstörung durch Glühen kann, wenn ihre Menge groß war, alles Mg in unlösliches Oxyd verwandelt worden sein, so daß der H_2O-Extrakt unmittelbar zur Prüfung auf Alkalien dienen kann.

[2]) Andernfalls mußte nämlich Mg mit PO_4 zusammen in einer jener Gruppen mit ausgefällt worden sein.

[3]) Vgl. indes Nachtrag S. 114.

[4]) Identifizierung des N's mit Alkanna-Tinktur (vgl. B. 53, 1, 76 u. 57, 1394) oder mit Lupe (oder Mikroskop). Eine flockige amorphe Fällung könnte aus Phosphaten von Al oder auch Ca bestehen. Andererseits fällt auch $MgNH_4PO_4$ zuerst in ähnlicher Form und nimmt

Prüfung auf Alkalien über —, so wird in der Hauptmenge NH_4-Salz weggeglüht, Mg als $Mg(OH)_2$ [1]) mit Barytwasser abgeschieden, der Ba-Überschuß im Filtrat mit $(NH_4)_2CO_3$ ausgefällt und schließlich im Abdampfrückstand dieses zweiten Filtrats nach Wegglühen der NH_4-Salze auf Alkalien geprüft. Ausführung: Die Lösung wird zur Trockne eingedampft in einer kleinen dünnwandigen [2]), durch eine Zange [3]) festgehaltenen, direkt erhitzten Porzellanschale unter beständigem Rühren mit der Kuppe eines weiten Reagierglases oder mit einem am Ende, der Schale entsprechend gekrümmten dicken Glasstab, so daß entstehende Salzbrocken oder Krusten bequem zerdrückt werden können. Wenn die Lösung anfängt sehr konzentriert zu werden, und besonders bei beginnendem Eintrocknen, erhitzt man im Luftbade (Schale auf Tondreieck, darunter Asbestdrahtnetz) und nimmt ab und zu doch unter ständigem Rühren vom Feuer, um Verspritzen möglichst zu vermeiden [4]). Zur Entfernung der NH_4-Salze wird schließlich geglüht, bis keine Dämpfe mehr entweichen [5]) (Probe auch mit Neßlers Reagens!). Es darf natürlich nicht so stark geglüht werden, daß Alkalichloride sich verflüchtigen.

---

die charakteristische Beschaffenheit erst an bei längerem Erwärmen. Am besten löst man den N. in möglichst wenig Säure, setzt in der Kälte sehr vorsichtig NH_3 zu, bis er sich eben wieder abscheidet (die Lösung reagiert dann noch sauer), und erhitzt, wobei er sich ganz oder zum Teil wieder auflöst. Die erkaltende Lösung scheidet jetzt die flimmernden, harten, durchsichtigen, an der Glaswand haftenden, beim Neigen des Glases besonders gut sichtbaren Kriställchen aus.

[1]) Bei Anwesenheit von Sulfaten enthält der N. natürlich auch $BaSO_4$ und die Lösung ev. aus Alkalisulfat mit $Ba(OH)_2$ entstandenes Ätzalkali.

[2]) Damit auch ihr Rand heiß genug wird und dort nicht NH_4-Salze ansublimieren können.

[3]) Aus Nickel (nicht nur vernickelt) oder Nirosta-Stahl.

[4]) Abstellen der Heizflamme genügt nicht, da das heiße Drahtnetz weiter heizt.

[5]) Anfänger pflegen Riesenmengen von NH_4-Salz zu verwenden, wodurch — trotz des selbstverständlichen Arbeitens unter dem Abzug — abscheuliche, das Laboratorium verqualmende Wolken entstehen. Man dampfe ab sowohl, wie glühe zuerst ganz kleine Portionen, gebe dann erst neue hinzu u. s. f.

Der Rückstand ist immer schwärzlich durch Ammonsalzen[1]) entstammende Kohle. Man extrahiert, ihn erschöpfend mit wenig heißem Wasser und filtriert (F. F.). Von Mg wird dabei, was durch Hydrolyse in der Hitze unlöslich geworden, zurückbleiben[2]). Eine Probe des klaren Filtrats macht man „überalkalisch“[3]) mit Barytwasser. Entsteht kein N., so geht man mit der Hauptmenge zur Prüfung auf Alkalien über; entsteht ein N., so setzt man auch der Hauptmenge $Ba(OH)_2$ vorsichtig aus einem Tropfrohr zu, solange sich der N. vermehrt und bis eben überschüssiges $Ba(OH)_2$ in Lösung ist. Jetzt wird durch ein kleines Faltenfilter filtriert. Das erhaltene Filtrat F_2 wird durch $(NH_4)_2CO_3$[4]) (sparsam!) vom Ba-Überschuß, der als Hydrat, Chlorid oder Nitrat darin enthalten sein kann, in der Hitze befreit und wieder filtriert (kleines F. F.). Die nun erhaltene klare Lösung F_3 enthält nur noch Alkalien neben überschüssigem NH_4-Salz. Sie wird durch Abdampfen und Glühen genau wie oben von NH_4-Salz befreit. Der Rückstand ist durch

---

1) Soweit es sich um NH_4-Salze der Gasfabriken handelt.

2) Man wird streben, diese Hydrolyse möglichst vollständig zu machen, z. B. indem man den Glührückstand nochmals mit H_2O oder einer $(NH_4)_2CO_3$-Lösung durchfeuchtet und nochmals glüht. Unpraktisch ist es dagegen, die Extraktion des Glührückstandes, wie häufig angegeben, mit S. vorzunehmen. Ist die Lösung ganz frei von Chloriden, sind also nur zu trennen Nitrate, Sulfate, Azetate oder dgl. von Mg und Alkalien, so kann eine nicht zu große Menge Mg-Salz durch kräftiges Glühen im Pt-Tiegel völlig in wasserunlösliches MgO verwandelt werden.

3) Enthält die Lauge nur Chloride und Nitrate, so ist dies kenntlich am Auftreten alkalischer R. Enthält sie noch SO_4, das unlöslich abzuscheiden ebenfalls Zweck des $Ba(OH)_2$-Zusatzes ist, so geht dies natürlich als $BaSO_4$ mit in den N. Enthält sie noch mehr SO_4, als vorhandenem Mg äquivalent ist (also noch Alkalisulfat), so genügt es nicht, $Ba(OH)_2$ zuzusetzen bis zum Auftreten alkalischer Reaktion — denn die Lösung wird schon alkalisch, wenn erst ein kleiner Teil des Alkalisulfats sich nach der dritten der folgenden Gleichungen umgesetzt hat —, sondern bis wirklich Überschuß auch von gelöstem Ba im Filtrat nachweisbar ist, wie folgende Gleichungen zeigen:

$$MgCl_2 + Ba(OH)_2 = Mg(OH)_2 + BaCl_2,$$
$$MgSO_4 + Ba(OH)_2 = Mg(OH)_2 + BaSO_4,$$
$$K_2SO_4 + Ba(OH)_2 = 2\,KOH + BaSO_4.$$

4) Entsteht keine Fällung, so war zu wenig $Ba(OH)_2$ zugesetzt.

Kohle grau gefärbt. Da die von Salzen umschlossene Kohle schwer verbrennlich ist, so nimmt man mit wenig Wasser auf und entfernt die Kohle durch Filtrieren (sehr kleines F. F.). In dem klaren Filtrat F_4 sind nur Alkalien als Chloride, die man beim Eindampfen als schneeweißen Rückstand erhält. Allererste Voraussetzung ist natürlich absolute Reinheit von verwendetem $Ba(OH)_2$ (Freisein von Verunreinigung durch Alkali).

Nachtrag zur Mg-Alkali-Trennung

Das geschilderte Verfahren ist genau, aber umständlich; Auffindung einfacherer Methoden daher Bedürfnis.

a) Zunächst steht bei Gegenwart von PO_4 [1]) wie bei der $(NH_4)_2S$-Gruppe wieder ein grundsätzlich verschiedener Weg offen, nämlich der, PO_4 zusammen mit Mg zu fällen, d. h. jene beiden Bestandteile sich gegenseitig ausfällen zu lassen, ohne daß neue — möglicherweise durch Alkali verunreinigte — Reagenzien in die Analysenlösung gebracht werden. Ist das Filtrat einer NH_3-Fällung frei von PO_4 und Mg, so geht man ohne weiteres zur Prüfung auf Alkalien über. Enthält es noch Mg oder noch PO_4, so wäre nur der Rest mit $Ba(OH)_2$ abzuscheiden.

b) Mg läßt sich auch bei Abwesenheit von PO_4 als $MgNH_4PO_4$ oder $MgNH_4AsO_4$ mit Hilfe der Phosphate oder Arsenate des Ammoniums abscheiden [Überschuß von PO_4 im Filtrat auf bekannte Weise mit $FeCl_3$ in essigsaurer Lösung oder mit Pb-Azetat und nachfolgender Entfernung des Bleis durch H_2S; überschüssiges Arsenat in stark salzsaurer Lösung durch H_2S]. Fällung als Phosphat mit Eisensalz fordert starke Verdünnung, daher weniger vorteilhaft.

c) Ist die Mg-haltige Lösung sulfatfrei, so kann Mg unlöslich gemacht werden durch Glühen mit überschüssiger Oxalsäure. Unter Entweichen von HCl bildet sich Mg-Oxalat, das weiter in Carbonat und schließlich in Oxyd übergeht. Für $MgCl_2$ kann auch Glühen mit Überschuß von gelbem HgO benutzt werden: MgO bleibt zurück, $HgCl_2$ und HgO-Überschuß gehen flüchtig, Alkalichloride werden durch Wasser aus dem Rückstande gelöst. (Gewöhnlich nur quantitativ benutztes Verfahren.)

---

[1]) PO_4 kann natürlich nur bei Abwesenheit von Bestandteilen der beiden vorigen Gruppen in der Lösung neben Mg sein, weil es sonst schon vorher hätte abgeschieden werden müssen.

d) Verwandlung von $MgSO_4$ in MgO durch sehr starkes Glühen im Pt-Tiegel.

e) Statt Ba-Überschuß durch $(NH_4)_2CO_3$ zu fällen, kann dies zum Teil, unter besonderen Umständen auch ganz, durch Einleiten von CO_2 und Erhitzen zur Zersetzung gebildeten Ba-Bicarbonates geschehen. Immer dann nämlich, wenn eine dem vorhandenen Mg mindestens äquivalente Menge SO_4 vorhanden ist, wird das Filtrat der Mg-Ausfällung Ba nicht als Chlorid, sondern nur als Hydroxyd enthalten können (vgl. die Gleichungen). Das Filtrat des durch CO_2 gefällten $BaCO_3$ ist dann direkt verwendbar zur Alkaliprüfung; man spart neuerlichen Zusatz und Entfernung von $NH_4^{\cdot}$. — Zeigt das Filtrat alkalische R., so ist Alkalicarbonat aus primär vorhandenem Alkalisulfat gebildet worden, entsprechend den Gleichungen

$$K_2SO_4 + Ba(OH)_2 \rightarrow BaSO_4 + 2\,KOH,$$
$$2\,KOH + H_2CO_3 \rightarrow K_2CO_3 + 2\,HOH;$$

zeigt es weder alkalische noch Chlorid-R., so fehlt Alkali wahrscheinlich überhaupt, denn Nitrate würden beim vorangegangenen Glühen mit NH_4Cl in Chloride verwandelt worden sein. Findet man eine Probe des Filtrats von der CO_2-Fällung noch nicht ganz frei von Ba, so ist die Fällung mit $(NH_4)_2\,CO_3$ nachzuholen und nach dem gewöhnlichen Gange zu verfahren.

f) Ein prinzipiell einfacher Weg zur Trennung von Mg und Alkalien ist der, den starken Unterschied in der Löslichkeit der Chloride zu benutzen. Mit rauchender HCl läßt sich NaCl zum größten Teil unlöslich abscheiden, während $MgCl_2$ in Lösung bleibt. Auch mit Amylalkohol läßt sich $MgCl_2$ einem Gemisch mit den Alkalichloriden entziehen.

g) Trennung von Ba, Sr, Ca, Mg, K, Na: Filtrat vom $(NH_4)_2S$-N. schwach essigsauer + Ammondichromat und Azetat.

N.	Filtrat + $(NH_4)_2SO_4$					
Ba	N	Filtrat + NH_3 + NH_4-Oxalat				
	Sr	N.	Filtrat + $(NH_4)_3PO_4$			
		Ca	N.	Filtrat + $Ba(OH)_2$ . . .[1]		
			Mg	N.: $BaSO_4$; $BaCrO_4$	Filtrat + $(NH_4)_2CO_3$	
				BaC_2O_4; $Ba_3(PO_4)_2$	N.: $BaCO_3$	Filtrat
						Alkali u. NH_4-Salz.

Bemerkung: Bei schlechter Arbeit kann Mg im $(NH_4)_2S$-N. mit Mn oder an Stelle desselben ausfallen.

[1]) Würde man $BaCl_2$ nehmen statt $Ba(OH)_2$, so würden die Alkalisalze mit einer entsprechenden großen Menge NH_4Cl beschwert werden. Mit $Ba(OH)_2$ entsteht beim bloßen Kochen flüchtiges NH_3.

V. Alkalien

Vorbemerkung

Die auf Alkalien zu prüfende Lösung darf nicht enthalten:

1. durch irgendeines der Gruppenreagenzien fällbare Kationen;

2. NH_4-Salze (ev. durch Glühen zu entfernen);

3. von Anionen soll sie möglichst nur Chloride (oder Nitrate) enthalten, ist also von anderen zu befreien.

Als Reagens zu gleichzeitiger Entfernung von 1 u. 3, dessen Kation also möglichst viel Anionen, und dessen Anion möglichst viel Kationen als unlösliche Salze fällen muß, dient $BaCl_2 + Ba(OH)_2$. Details dieses zu empfehlenden Verfahrens für Prüfung einer Sz. nur auf Alkalien unter Ausschaltung des langen Analysen-Ganges, sind S. 118 gegeben. In sehr vielen Fällen wird aber auch das im Analysen-Gang erhaltene Endfiltrat (F_4 auf S. 114) ohne weiteres nichts anderes als Alkalichlorid enthalten, denn mit den Kationen ist im Analysengang ein Teil der Anionen ausgefällt, ein anderer schon im Anfang bei Säurezusatz zersetzt und verflüchtigt, noch andere bei Wegglühen der NH_4-Salze beseitigt (I, 10). Nur also, wenn die Gruppen-Reagenzien wirkungslos waren und von Kationen nur Alkalien in Frage kommen, würde daher die Aufgabe bleiben, nicht erwünschte Anionen hier zu entfernen. Dies kann geschehen durch Fällen mit Ba- und dann mit Ag-Nitrat [1]). Im Filtrat wäre Überschuß von $Ag^{\cdot}$ durch HCl, von $Ba^{\cdot\cdot}$ durch $CO_2 + NH_3$ auszufällen, schließlich NH_4-Salz durch Glühen zu beseitigen.

Nachweis von K und Na

Der alkalihaltige Rückstand darf nur bis zu beginnendem Schmelzen, nicht stärker (etwa vor dem Gebläse) geglüht werden, da Alkalichloride sich sonst verflüchtigen. In ge-

---

1) $Ba^{\cdot\cdot}$ fällt die genannten Anionen. Im Filtrat bleiben durch Ag-fällbar Halogenide, CN′ und CNS′. Im Filtrat des Ag-N's können dann, nach Beseitigung der (gering zu haltenden) Überschüsse von Ba u. Ag, an Alkali gebunden sein neben NO_3' die (unten) genannten Anionen. Nach Eindampfen und Glühen würde nur noch zu rechnen sein mit sekundär entstandenem Cl′ (aus ClO_3 u. ClO_4), CO_3'' (aus Azetat u. ä.), SO_4'' (aus Dithionat u. ä.). Wiederholte Ba-Fällung etc. gibt dann eine reine Chlorid-Lösung.

ringem Maße geschieht dies trotz aller Vorsicht, und die über den Rand des Gefäßes schlagende Flamme nimmt die für das Alkali charakteristische Farbe an. Die Hauptprüfung geschieht im Glührückstand zunächst mit im Gebläse gut ausgeglühtem Pt-Draht oder MgO-Stäbchen durch Flammen-R. [1]). K kann auch in geringen Mengen bei Anwendung guten Kobaltglases kaum der Beobachtung entgehen, und auch etwa noch anwesende NH_4-Salze stören dabei nicht. In Zweifelfällen entscheidet die Prüfung mit H_2PtCl_6 (vgl. unten), auch wohl mit Na-Kobalti-Nitrit (gelbe, in E. S. unl. Fällung), mit Na-Hydrotartrat und am besten mit Überchlor-S. [2]). Ist K nicht nachweisbar, war aber merklicher Glührückstand vorhanden, so bezeugt dies mittelbar die Gegenwart von Na. Infolge geringer, Na-haltiger Verunreinigungen (aus dem Glase und den Reagenzien) wird man immer 1. auch bei Abwesenheit von Alkalien in der Ur-Sz. einen winzigen Glührückstand, 2. auch bei Abwesenheit von Na eine gefärbte, aber schnell verschwindende gelbe Flamme bekommen [3]). — Wenn die Kaliumflamme ohne Kobaltglas sichtbar ist, kann auf Abwesenheit irgendwie wesentlicher Mengen Na geschlossen werden. Auf die Mengen vorhandenen Natriums aus Intensität und Dauer der Gelbfärbung der Flamme zu schließen, erfordert Übung. — Man löst daher den Glührückstand in sehr wenig Wasser, filtriert durch ein sehr kleines Filterchen und prüft jeweils einige Tropfen auf Uhrgläsern:

a) mit Kaliumpyrostibiat (mit wenigen Tropfen Kalilauge gelöst); gibt bei Gegenwart von Na einen weißen,

---

[1]) Es ist ein bei Anfängern viel verbreiteter Fehler, auf Anwesenheit von Alkalien Schlüsse ziehen zu wollen aus der Flammenfärbung, die die Ursubstanz am Draht zeigt. Namentlich für Na ist diese Methode unbrauchbar. Die Reingewinnung der Alkalien durch Abscheidung aller anderen Bestandteile kann nicht erspart werden.

[2]) Da die ersten drei R'en auch von NH_4-Vbdgn. gegeben werden, so ist deren quantitative Entfernung wichtig. Bei Verwendung von Porzellanschalen zum Glühen ist es immerhin möglich, daß sich NH_4-Vbdgn. an dem oberen kälteren Teil der Schale verdichten und K vortäuschen.

[3]) Na ist (vielleicht neben Al) das am schwersten in geringen Mengen mit Sicherheit nachzuweisende Element.

schweren, leicht absitzenden N., der sich dadurch von Antimon-S. unterscheidet, die bei fehlerhaftem Vorgehen ausfällt, wenn die Lösung sauer ist oder NH_4-Salze enthält;

b) mit Zn-Uranylazetat (vgl. I, 8);

c) Zusatz der 5- bis 6fachen Menge von Chlorplatin-S. (in der üblichen Konzentration). Bei langsamem Eindunsten erhält man neben den schnell ausgeschiedenen Oktaedern von K_2PtCl_6 am Rande ringsherum lange Nadeln von Na_2PtCl_6 [1]). Beide sind, besonders mit Lupe, leicht unterscheidbar. Diese lösen sich in Alkohol, jene in heißem Wasser. (Bei Gegenwart von Jodiden fällt braunrote Jodplatinsäure, später graues PtJ_4 aus.) Zeigt das mikroskopische Bild noch farblose Kristalle, so muß mehr H_2PtCl_6 zugesetzt werden.

Nachtrag

1. Die R. auf Kalium mit H_2PtCl_6 und mit Na-Co-Nitrit, sowie auf K und Na durch die Flammenfärbung wird nicht gestört durch Anwesenheit von Mg; durch Sulfate nur insofern, als bei Alkoholzusatz auch Na_2SO_4 unlöslich ausfallen kann. Die Anwendung der Tartrat- und Stibiatreagenzien erfordert dagegen vorherige Abscheidung des Mg.

→ 2. Wenn Bestandteile vieler Gruppen vorhanden waren, so daß der Reagenszusatz und die Möglichkeit alkalihaltiger Verunreinigungen groß ist, so untersucht man auf Alkalien am besten eine frische Substanzprobe. (Man kann dann bei der Hauptanalyse alkalihaltige Reagenzien verwenden u. alkalische Erden ohne NH_4-Salz in saurer Lösung abscheiden. Die Substanz wird nach Wegglühen vorhandener NH_4-Salze und organischer Substanzen gelöst und in einem Gefäß vom Me. (Eisen, Nickel, Silber) oder sehr gutem Glase mit einer aus kristallisiertem $Ba(OH)_2$ frisch dargestellten Lösung (und etwas

---

1) Man gibt die einzudunstende Lösung in dem Maße aufs Uhrglas, wie die bereits vorhandene Lösung verdampft. Am Rande ringförmig angeordnete, amorphe, bräunliche Massen bestehen aus überschüssigem H_2PtCl_6.

$BaCl_2$) bis zur alkalischen R. versetzt und gekocht. Barytlauge greift Porzellan und gewöhnliches Glas schnell bei erhöhter Temperatur an. Man filtriert darum in ein Gefäß gleicher Art, fällt Ba-Überschuß mit $(NH_4)_2CO_3 + NH_3$, dampft das Filtrat ein und findet im Rückstande nach dem Wegglühen der NH_4-Salze die reinen Alkalichloride. Diese Methode muß angewandt werden bei Silikaten und sonstigen in S'n schwer l'en Vbdgg., und bei Anwesenheit von Sn und Hg, wenn zur Verhütung ihrer Verflüchtigung als Chloride NaCl zugesetzt worden ist (vgl. Bd. I).

Auf Alkalien prüft man vor allen Dingen immer den H_2O-Extrakt der Sz., wo sie in mindestens 90 % aller Fälle, und wenn die Begleitstoffe in H_2O unlöslich sind, besonders leicht zu finden sind. Prüfung auf Alkalien auch nach der Hempelschen Methode mit Mg.

Prüfung auf Anionen

Die Prüfung auf Kationen pflegt vor der auf Anionen gelehrt zu werden, mit Ausnahme der häufigsten wie Cl, SO_4 usw. Für den Anfänger genügen daher [1])

für Cl': der in HNO_3 unl. Ag-Niederschlag,

„ SO_4'': „ „ HCl „ Ba- „ ; ev. die HeparR. (S. 48),

„ PO_4''': „ „ HNO_3 „ Mo- „ , (S. 140)

„ CO_3'': das Aufbrausen bei Säurezusatz und Trübung eines am Glasstab eingeführten Barytwasser-Tropfens, (bequemer im Kropfglas),

„ S'': das beim Erwärmen mit HCl entstehende, durch Geruch und Schwärzung von Bleipapier nachweisbare H_2S-Gas. (Ev. Prüfung mit Nitroprussid-Na vgl. I, 94.)

---

[1]) Schon der Anfänger merke gleichwohl, daß diese R'en nicht alle unbedingt spezifisch sind und unter allen Umständen eindeutige Schlüsse zulassen, sondern daß sie im Anfang nur als solche betrachtet werden. Andernfalls behält der Anfänger auch später leicht die vorgefaßte Meinung, daß z. B. ein weißer, in NH_3 löslicher, in HNO_3 unlöslicher Ag-N. unter allen Umständen Anwesenheit von Cl' beweise.

für NO_3': die „Ringreaktion" mit $FeSO_4$ und konz. H_2SO_4, ev. auch NH_3-Entwicklung bei Erwärmen mit Zn und Lauge, (I, 98),

„ Oxalat: das aus seiner Lösung in HCl mit Na-Azetat wieder fällbare, $KMnO_4 + H_2SO_4$ bei Erwärmen schnell entfärbende Ca-Salz,

„ Tartrat: Geruch und Schwarzfärbung bei Erhitzen mit und ohne konz. H_2SO_4,

„ $FeCy_6$ (3 u. 4) Blaufärbungen mit $Fe^{\cdot\cdot}$- und $Fe^{\cdot\cdot\cdot}$-Salz in HCl-Lösung,

„ OH': über Nachweis mit Indikatoren, ev. neben CO_3, S'', CN vgl. S. 53.

Der Arbeitsgang, wenn alle Anionen in Betracht kommen, ist völlig verschieden von der Prüfung auf Kationen. Von den der klassischen Kationenprüfung nachgebildeten systematischen Arbeitsgängen [1]) hat keiner allgemeine Anerkennung gefunden. Schwierigkeiten entstehen schon dadurch, daß nicht alle N'e mit der nötigen Schnelligkeit so vollständig ausfallen, wie etwa die Sulfide beim Kationen-Gang, daß andererseits die diesem Anspruch genügende Ag-Fällung allzu große Gruppen umfaßt (ganz abgesehen von der Kostbarkeit des Reagenses). Oft wird empfohlen, auf alle Anionen der Reihe nach Einzelprüfungen auszuführen. Mehrere Gründe sprechen gegen dies Verfahren, z. B. der, daß es ausgesprochen spezifische R'en für Anionen ebensowenige gibt wie für Kationen. Man gleicht daher die Anionenprüfung zweckmäßig der auf Kationen wenigstens insoweit an, als man dabei das Anstellen nicht von „R'en auf ...", sondern von „R'en mit ..." in den Vordergrund stellt und die Ergebnisse in der angegebenen Weise kombiniert, wodurch oft viel unnötige Arbeit erspart wird. Das Verfahren schließt nicht aus, daß man (genau wie im Kationen-Gang) Gruppen-Fällungen durch Lösungsmittel in

[1]) Trey, Analyt 33, 533; Fresenius, ibid. 39, 566; Feigl, ibid. 57, 135; Abegg und Herz, Anorg. 23, 236 und 25, 405; Noyes, Am. Soc. 34, 609 (1912).

Untergruppen teilt (z. B. die Ag-Fällg.). Für die so auszuführende Anionen-Prüfung sei empfohlen

trockenes Erhitzen,
Verhalten gegen H_2O, H' und OH',
gegen konz. H_2SO_4,
gegen Oxydations- und Reduktionsmittel,
gegen Fällungsmittel,
Farbreaktionen.

Die Reihenfolge ihrer Anwendung ist natürlich beliebig [1]). Man prüft die Sz. trocken oder in wäßriger oder saurer Lösung; betr. Sodaabkochung gilt die früher gegebene Kritik. Sehr empfehlenswert ist das S. 156 gegebene Schema.

Trockenes Erhitzen [2])

Es entwickelt sich ein Gas [3]), und zwar

a) farb- und geruchlos:

— glimmenden Span entflammend: O_2: Nitrate, Halogenate, Perchlorat, Arsenat, Dichromat, Superoxyde und Oxyde der Edelmetalle;

---

1) Praktische Gründe entschuldigen die Inkonsequenz, daß Farb-R'en, die zugleich Oxydations-R'en sind, im folgenden bald hier, bald dort aufgeführt sind.

2) Zur Prüfung beim Erhitzen (trocken oder mit dil. oder konz. H_2SO_4) entstehender Gase mit Reagenzien eignen sich gut „gekropfte" Reagiergläser. Die Mündung des Glührohrs hält man schräg nach unten, um Springen des Glases durch rückfließendes Kondenswasser (Lakmus-R. desselben?) zu vermeiden. ➡ Man erhitzt zuerst nur eine *sehr kleine Menge, da explosive* Stoffe oder Mischungen vorliegen könnten (Blitzpulver, Schießpulver, Feuerwerksätze u. ä.). Man achte auf Umsetzungen, die durch Erglühen oder Verglimmen der Sz. sichtbar werden. Der eingeführte Holzspan oder Glasstab mit Reagenstropfen muß bis zum Boden des Reagensglases geführt werden, da sonst beigemengte Luft die Erkennbarkeit hindert. Prüfung des entwickelten Gases mit Reagenspapier (Lakmus, Jodzinkstärke, $HgNO_3$, alkal. Pb-Lösung, Fuchsin-SO_2) und mit am Glasstab eingeführten Reagenstropfen (H_2O, NH_3, $AgNO_3$). Starkes Aufblähen ist charakteristisch für Alkaliborate, Alaun, Phosphorsalz und besonders für $Hg(CNS)_2$. Leuchten bei sehr hoher Temperatur (Gebläse) für Oxyde von Erden und Erdalkalien.

3) „Manche Stoffe nehmen durch das entweichende Gas aufgelockert und auf ihm schwebend eine eigenartige Beweglichkeit an; sie lassen sich im Glase schütteln wie eine Flüssigkeit" (Biltz, Ausf. qual. Anal.).

— brennbar: CO: Oxalate (neben CO_2), Formiate. (CO macht aus Ag—NH_3-Lösung Ag-Metall frei). — H_2 aus manchen Alkali und Metall enthaltenden Gemischen;

— brennenden Span verlöschend: N_2: NH_4-Salze oxyd. Säuren; Fe-Cyanide; viele Rhodanide. — CO_2 (Barytwasser trübend): Carbonate, Cyanate, organisch-saure Salze.

b) farblos riechend:

„brenzliche" Dämpfe aus org. Sz. [1]);

Essigsäure aus Azetaten schwerer Metalle;

„nach Schwefel" ($HgNO_3$-Papier schwärzend, KJO_3-Stärke bläuend): SO_2: Sulfite; Bisulfite der Alkalien; Sulfate z. B. solche oxydabler Basen ($FeSO_4$) oder aus oxydablem Anion z. B. Sulfide, „Hyposulfit" (Rückstand SO_4'' + S'') [2]). — SO_2 + S: höhere Thionate.

Stark sauer — „stechend": SO_3: Alkalibisulfat, Sulfate schwerer Metalle (feucht). — HCl, HF (mit NH_3 Nebel bildend): H_2O-haltige Chloride und Fluoride, KHF_2. — SiF_4 (H_2O-Tropfen trübend): Silikofluoride. Im Glasgefäß entwickeltes HF enthält immer auch SiF_4, so daß ein eingeführter Tropfen Ag-Lösung dadurch getrübt wird;

Ammoniak: NH_4-Salze, CN-Vbdgg. + Ätzbasen; feuchte Cyanate;

widerlich nach Kakodyl: Schweinfurter Grün u. a. Azetat- und As-haltige St'e [3]);

— farblos riechend und brennbar: nach Knoblauch: AsH_3 (As-Vbdg. + Red. Mittel, z. B. Formiat);

nach faulen Fischen: PH_3: Phosphit, Hypophosphit, Phosphor und Ätzbasen (Flamm.-Färbung grünlich; beide gehen mit $Ag^{\cdot}$ die Gutzeitsche Probe, (vgl. Bd. I).

---

1) Die organische Sz. verbreitet dabei charakteristische Gerüche, z. B. nach verbranntem Papier, „Karamel-Geruch" (Tartrate, Zucker) nach verbranntem Haar, Milch oder Knochen (org. N-Sz.).

2) Das geglühte Na-Salz gibt indes keine Nitroprussiat-Färbung. H_2S entwickelt es schon beim Kochen mit H_2O.

3) Durch Glühen mit As_2O_3 kann diese R. für Azetat-Nachweis benutzt werden, durch Glühen mit Azetat für As_2O_3.

stechend, aromatisch: $(CN)_2$: NH_4-Oxalat, Edelmetall-Cyanid, Ferricyanide (neben N_2) (Flammenfärbung wie Pfirsichblüte);

nach bitteren Mandeln: HCN: feuchte Cyanide (z. B. Blutlaugensalze, Berlinerblau), NH_4-Formiat;

nach faulen Eiern: H_2S: feuchte Sulfide (Pb-Papier bräunend), feuchtes Thiosulfat;

— farblos, riechend, glimmenden Span entflammend: N_2O aus NH_4NO_3 (süßlich), Ozon in dem aus Chloraten u. a. entwickelten O_2 (J'-Zn Stärke-Papier bläuend);

c) farbig und riechend; braun: NO_2: Nitrite und Nitrate. Br (färbt Fuchsin-schweflig-Säure-Papier im Gegensatz zu NO_2 rot); — blaß gelbgrün: Cl; violett: Jod aus Halogenid od. Halogenat mancher Me'e, besonders neben Oxyd.-, bzw. Red.-Mitteln. J auch aus HJO_3 und Bijodat. Auch aus KJ gemengt mit manchen Salzen, z. B. $BaCl_2$.

F a r b ä n d e r u n g :

beim Erkalten verschwindend: weiß → zitronengelb: ZnO; gelb → orange: Chromate; weiß → gelb → braun → grün → blau: Rhodanide. Eine solche Verschiebung des Absorptionsgebiets der Strahlen mit der Temperatur (farblos → gelb; gelb → rot oder braun; rot → schwarz) ist die Regel;

bei Erkalten bleibend: a) farblos werdend durch H_2O-Verlust (z. B. Cu-Vitriol); b) Oxyde aus andersfarbigen Salzen (NO_3'; CO_3'' u. a.) z. B. grün → braun: Ferrosilikat; c) schwarz werdend (u. diff. von b nicht „entschwärzt" durch S., bei Glühen mit KNO_3 verbrennend): C aus org. Sz.; d) grün oder violett → blau: Ultramarin. — Cr_2O_3 geglüht schwarz, wird erst bei Verreiben grün.

S u b l i m a t b i l d u n g :

weiß: NH_4, Hg, As^3 (u. Sb^3) Vbdgg. Borsäure. $Si(OH)_4$ aus feuchten Fluorsilikaten. Oxalsäure u. a. org. Vbdgg.;

grau: Quecksilber, Arsen, Jod (aus violettem Dampf kondensiert);

gelb: Schwefel (als Element oder abgespalten aus Sulfiden, besonders Polysulfiden, Thionaten, „Hyposulfiten"); Sulfide z. B. von As; HgJ_2;

rotgelb: Phosphor (neben weißen Nebeln: P_2O_5);

rot: Hg (S-, O-, J-Vbdg.);

schwarz: HgS. (Beim Reiben rot werdend.)

Farbige Sublimate bei starkem Erhitzen: Metallchloride, oder Oxyde neben NH_4Cl (Cu, Bi u. a.). Möglichkeit der Unterscheidung mancher Sublimate durch Überströmen mit H_2S-Gas oder Betupfen mit Reagens-Tropfen. — Leicht und völlig flüchtige Sz. kann von Kationen nur As, Hg, NH_4, H, von Anionen kein Borat, Phosphat, Silikat usw. enthalten. — Äußerlich nicht erkennbare Veränderungen: $KCN \rightarrow KOCN$; $KOCl \rightarrow KCl + KClO_3$ u. ä.

Verhalten gegen H_2O

Abstufung der Wirkung: kaltes und heißes, wenig und viel H_2O (ev. Zusatz von Katalysatoren, z. B. Pt); — wir beschränken uns auf einige Beispiele und allgemeinen Hinweis, welcher Art die Einwirkung sein kann. — Wasser löst nicht nur (und spaltet dabei in Ionen), es kann auch bewirken Spaltung komplexer in einfache Stoffe, hydrolytische Zersetzungen, Disproportionierungen, Hydratbildungen unter Erwärmung und Entstehung fester Massen (hydraulische Eigenschaften) und kann R'en zwischen Bestandteilen einer gemischten Sz. „auslösen". Die Umsetzung kann z. B. an Gasentwicklung, Farbänderung, Niederschlagbildung, kann unter Umständen aber auch gar nicht unmittelbar erkennbar sein.

Gasbildung[1]): CO_2, SO_2 aus Bicarbonaten und Bisulfiten und „Hyposulfiten" beim Kochen, in der Kälte aus denselben bei Gegenwart saurer Sz. (Brauspulver, Backpulver), SO_2 auch aus Na-Ag-Sulfit neben SO_4 und Ag. —

[1]) Luftbläschen vgl. S. 128, Akg. 4.

NH_3 aus NH_4-Salz + alk. Sz. (z. B. Soda in Waschpulvern)[1]. — N_2 aus NH_4-Salzen neben Oxyd.-Mitteln (Nitrit, Hypochlorit, Peroxyde). — O_2 aus Peroxyden u. Per-salzen. — H_2: Leichtmetalle in fein verteilter Form, ev. neben saurer, bei Zn und Al auch neben alkalischer Substanz[2]. — H_2, Kohlenwasserstoffe, HCl, H_2S, PH_3, AsH_3[3]), NH_3 auch durch Hydrolyse (CaH_2; CaC_2; PCl_5; Al_2S_3; Ca_3P_2; Mg_3As_2; Mg_3N_2 u. ä.).

Farbänderungen: Pb, Bi oder $Hg^{\cdot\cdot}$-Salz neben Nitrit mit wenig H_2O: Gelbfärbung. Farbloses H_2O-freies $CuSO_4$: Blaufärbung. Farbloses Mn-Borat und -Nitrit beim Kochen mit H_2O Braunfärbung. — Gefärbte As-, Sb und Sn-Sulfide neben alk. Sz. (Soda) gehen farblos in Lösung. Ähnlich Superoxyde (unechte) und Oxalsäure.

Bildung von Niederschlägen: Hydrolyse von Bi- und Sb-Salzen. — Oxydationen z. B. $SnCl_2$ (oder Hypophosphit) + As-haltige Sz. (: As). — AgCl-Fällung aus AgCl—HCl-Lösung u. ä. Fällungen nur in konz. Lösung beständiger Komplexe. — S aus manchen niederen Oxyd.-Stufen des Schwefels, z. B. Ca-Thiosulfat (Rose). — Ag_2S aus $NaAgS_2O_3$ Lösg. neben Trithionat.

Es zeigt sich daher, daß analytische Erkennung in kochendheiß hergestellter H_2O-Lösung erschwert, und die Prüfung in kalter, frisch hergestellter Lösung angebracht sein kann. (Bicarbonate, Peroxyde und Persalze.) Dies ist natürlich besonders der Fall bei Stoffen, die durch kochendes H_2O umgesetzt werden, ohne daß dies äußerlich auffällig wird (Hypochlorite, Cyanate, „Hyposulfite", Pyrophosphate). Besonders zu beachten für den, der auf Anionen nur in einer Sodaabkochung prüfen will!

---

[1]) Soweit die Gase riechen, pflegt auch die Sz. allein unter Einfluß der Luftfeuchtigkeit den Geruch zu zeigen. — Da bei Erwärmen mit H_2O schneller ablaufende R'en langsam auch in der Kälte vor sich gehen (bei nicht völligem Luftabschluß), so kommen solche Gemische übrigens, je instabiler sie sind, um so weniger anders vor als in ad hoc frisch bereiteten Übungsanalysen.

[2]) Al + Soda als Silberputzmittel.

[3]) AsH_3 u. PH_3 auch aus As- und P-haltiger Sz. im Gemisch mit solchen, die mit H_2O allein H_2 entwickeln. (Prüfung nach Gutzeit vgl. Bd. I.) H_2S auch aus $Na_2S_2O_4$.

Im Anschluß an die Prüfung nach der Tab. geben weitere Aufschlüsse die Farben der N'e oder Lösungen in NaOH (grün Cr) oder in NH_3 (blau Cu, Ni; schmutzig rötlichgelb Co); Farbänderung der N'e und Lösungen durch Oxydationsmittel (Mn, Fe", Co, Ni, Pb, Cr); durch H_2S [in NH_3-Lösung schwarz Cu, Ag, Co, Ni; gelb Cd; weiß Zn. — In NaOH-Lösung schwarz Pb; weiß Zn, (Al); erst nach Ansäuern rot Sb; gelb As, Sn^4; braun Sn^2].

Verhalten einer Lösung der Substanz bei allmählichem Zusatz von

			NH_3 [1]		NaOH			
			bis zur stark alkalischen Reaktion.					
			Alkalien u. Erdalkalien komplexe Salze, $Hg(CN)_2$		Alkalien (Erdalkalien) komplexe Salze, $Hg(CN)_2$			
I Keine Fällung (Es fehlt dann II und III)			1. Auch durch Soda nicht gefällt: nur Alkalien, komplexe Salze, Mg neben NH_4; $Hg(CN)_2$	2. Durch Soda gefällt: Erdalkalien inkl. Mg	3. Weder durch Soda noch durch $(NH_4)_2S$ gefällt: Alkalien, 1 Teil der kompl. Salze, Mg neben NH_4	4. Durch Soda gefällt, nicht durch $(NH_4)_2S$: alkalisch Erden inkl. Mg (ev. 3, fehlt 5)	5. Durch $(NH_4)_2S$; nicht durch Soda gefällt 1 Teil der kompl. Salze, $Hg(CN)_2$; (ev. 3, fehlt 4)	
Daneben möglich	I	II Fällung im Überschuß löslich (fehlt III)	6. farblos Zn, Cd, Ag (fehlt 7)	7. gefärbt Co, Ni, Cu (ev. 6)	8. farblos Zn, Al, Pb, Sb''', Sn (fehlt 9)	9. gefärbt Cr''' (wenig Cu) (ev. 8)	I	Daneben möglich
Daneben möglich	I u. II	III Fällung im Überschuß nicht gelöst	10. farblos (Fe'', Mn), Mg, Al, Pb, Hg, Bi, Sn, (fehlt 11)	11. gefärbt Fe''', Cr (ev. 10)	12. farblos Mg, Mn, Fe'', Cd, Bi (fehlt 13)	13. gefärbt Hg, Cu, Fe''' (ev. 12)	I u. II	Daneben möglich

NB. Nr. I, 1—3 gelten nur für rein wässerige Lösungen, aus saurer Lösung können beim Neutralisieren alle möglichen Salze ausfallen (Ca-Phosphat, Chromate usw.).

Nr. III, 10 u. 12: Hydroxyde von Fe und Mn werden auf dem Filter durch Oxydation schnell verfärbt.

[1]) Das vorrätige NH_3 ist meist nicht ganz CO_3''-frei u. gibt dann natürlich geringe Fällgg. mit alkal. Erden.

Verhalten gegen OH'[1]) kalt und heiß

Außer der Umsetzung von Metallsalzen (vgl. nebenstehende Tabelle) zu Hydroxyden (auch mancher unlöslicher wie Berlinerblau) und der lösenden Wirkung auf amphotere Metalloxyde, ihre Salze[2]) und Metalle (hier unter H_2-Entwicklung) kommt in Betracht Zerstörung azidophiler[3]) Komplexe (P-Molybdat, SiF_6'', höhere Thionate), Bildung basophiler Komplexe (z. B. viele Metalltartrate; Fehling-Lösung; Neßler-Flüssigkeit) und manche Hydrolysen u. a. R'en, die allein mit H_2O nicht, oder langsam und erst oberhalb 100^0 eintreten, dagegen schneller mit Lauge (z. B. bei P und S).

Gasentwicklung: NH_3 aus NH_4-Salz[4]) oder neben Reduktionsmitteln wie Zn oder Al aus anderen N-haltigen Vbdgg. (Nitrit, Nitrat, NH_2OH u. a.) — N_2 aus Hydrazin- und Hydroxylamin-Vbdgg. H_2 aus Si, P und Hypophosphiten (mit festes Kali enthaltender Lauge auch aus Phosphit), PH_3 aus Phosphiden. — Niederschläge: Brauner N.: Ammonium Quecksilberjodid (Neßler-N.). S aus Pentathionat[5]). Beim Kochen klarer, blauer, stark alkalischer Lösung: rotes Cu_2O ($Cu^{\cdot\cdot}$ neben Glukose, Arsenit; Scheeles Grün). As neben AsO_4''' aus Arseniten. Gallertige Kieselsäure: Fluorsilikate (deutlicher mit NH_3 oder Soda).

Farbänderungen: Gelbes P-Molybdat → farbloses PO_4''' + Molybdat. Fehling-Lösung, Berlinerblau, s. oben.

Erhitzen mit Natronkalk: NH_3 aus NH_4-Salz, Cyaniden und Cyanaten. H_2 aus Formiat (→ Oxalat).

---

1) Die R'en treten oft schon mit Sodalösung ein, was bei Herstellung einer Sodaabkochung zur Prüfung auf Anionen zu beachten ist. (Fällung von $Si(OH)_4$ aus Silikat u. Fluorsilikat.)

2) Mit Scheeles Grün blaue Lösung, die beim Erwärmen Cu_2O abscheidet.

3) Komplexe, deren Bildung vorwiegend in saurer, bzw. alkalischer Lösung erfolgt, nenne ich azidophil, bzw. basophil.

4) Spuren auch aus Cyanaten.

5) Neben Tetrathionat. — Tetra- und Trithionat bilden beim Kochen mit Lauge, je nach deren Konzentration, Thiosulfat + Sulfat oder (mit $2n$-OH') + Sulfit und sind als solche leicht nachweisbar, wenn diese vorher nicht zugegen waren.

Erhitzen mit Na-Kalk und Kohle: NH_3 aus Nitrit und Nitrat.

Über das Verhalten gegen Soda beim Kochen und Schmelzen damit vgl. das bei Aufschlußmethoden und Sodaabkochung früher gesagte.

Verhalten gegen Säuren

Gewöhnlich verwendet man dil. und konz. H_2SO_4 [1]). Man kann die Säurewirkung aber auch abstufen durch anfängliche Verwendung von CO_2 (für Cyanide), Essigsäure, auch wohl NH_4Cl-Lösung, die in der Hitze wie schwache Säure wirkt [2]).

Verdünnte Säure. Die Wirkung umfaßt außer Fällen, wie sie für H_2O und NaOH aufgeführt wurden [3]), hauptsächlich als wichtigsten den der Bildung schwächerer Säuren, mögen dieselben (ev. unter Zersetzung) flüchtig sein oder als Niederschläge ausfallen. Zu einer sehr kleinen Menge der Sz. (ev. auch konz. Lösung derselben) setzt man tropfenweise Säure, wenn eine in der Kälte eintretende R. [4]) vorüber ist, erhitzt man. Es entwickeln sich Gase [5]) und zwar

---

[1]) Dil. H_2SO_4 verdient den Vorzug vor HCl und HNO_3, insofern als sie reine H'-Wirkung zeigt, d. h. weder oxydiert noch reduziert und als sie selbst nicht flüchtig ist und daher nicht riecht. Nachprüfung mit HCl angebracht z. B. für $Hg(CN)_2$ u. AgCN. Konz. H_2SO_4 wirkt außer als Säure, H_2O entziehend u. oxydierend. Letzteres fällt fort bei Verwendung von konz. H_3PO_4, deren Wirkung daher der von konz. H_2SO_4 ähnelt, aber doch wieder charakteristisch davon verschieden ist. Welche S. auch angewendet wird, immer werden natürlich neben R'en des H-Ions solche des betr. Anions zu erwarten sein (z. B. HgCl + HCl erhitzt: $HgCl_2$ + Hg).

[2]) Zersetzt z. B. Alkaliferrocyanid, Aluminat u. Silikat (nicht Fluorsilikat).

[3]) Mit schwer kontrollierbaren Umsetzungen (meist Oxydationen) innerhalb der Sz. ist bei Zusatz von Säure noch viel mehr zu rechnen als bei Zusatz von H_2O. Übergang von pyro- in ortho-Phosphat zum Beispiel!

[4]) Es können sich auch in der festen Sz. eingeschlossene Luftbläschen entwickeln. Dies geschieht dann schon beim Erwärmen mit H_2O. Schwache Gasentwicklgg. lassen sich auch mit dem Gehör erkennen.

[5]) Zum Nachweis des Entstehens riechender Gase in der Kälte eignet sich gut Verreiben mit $KHSO_4$ auf dem Uhrglas z. B. für

	farb- u. geruchlos	farblos riechend	gefärbt u. riechend
nicht brennbar	CO_2[1]	E. S., SO_2[2], $HOCl$[3], HBr[4]	NO_2[5], Cl-Br-J[6]; ClO_2[13]
brennbar	H_2[7]	H_2S[8], HCN[9], PH_3, AsH_3[10] Kohlenwasserstoffe [14]	
glimmenden Span entflammend	O_2[11]		
selbstentzündlich		SiH_4[12]	

[1] Trübt Baryt- und Kalkwasser 1): Carbonate, Cyanate, Oxalat neben Oxyd.-Mitteln. CO_2 aus Cyanat riecht stechend (Spur HOCN).

[2] Trübt Baryt-, aber nicht Kalkwasser 1), bläut Jodat-Stärke-Papier: Sulfite. — $SO_2 + S$: Thiosulfate (bei längerem Kochen auch Thionate), ev. auch Sulfid oder andere Redukt.-Mittel neben viel Sulfit. In Gemischen von Thio. mit viel Sulfit wird die Schwefel-Abscheidung mit S. stark verzögert (Trennung beider als Sr-Salz). Erst Gelb- bis Rotfärbung, dann Entfärbung, S-Abscheidung und SO_2-Bildung: „Hyposulfite". Geruch von SO_2 und E. S. (ev. auch HCNS) wird bisweilen verwechselt.

[3] Bleicht Lakmus u. a. Indikatoren.

[4] Aus trockener Sz. + H_2SO_4. Raucht an der Luft, riecht stechend, bildet Nebel mit NH_3.

[5] Braunrot: Nitrite, oder Nitrate + Red.-Mittel (z. B. $FeSO_4$). Bläut Jodzinkstärke-Papier.

Azetate, einfache neben komplexen Cyaniden u. a. — Zusatz von Oxydationsmitteln ($KMnO_4$) kann nützlich sein, weil der Geruch eines oxydierbaren Gases (SO_2 oder H_2S) den eines nicht oder schwerer oxydierbaren (z. B. Essigsäure) verdecken könnte oder um CO_2 neben SO_2 durch $Ba(OH)_2$ zu erkennen (vgl. oben 1 und 2). Um primär vorhandenes CO_2 zu unterscheiden von sekundär mit den Oxyd.-Mitteln z. B. aus Oxalat, entstehendem, müßte das Gas durch $KMnO_4$-Lösung durchgeleitet werden. Enthält schon die Ur-Sz. so ein Oxyd-Mittel (z. B. PbO_2), so versagt auch diese Methode.

1) Gewöhnlich wird vorgeschrieben, einen Glasstab mit dem Reagens-Tropfen einzuführen. Er muß aber bis auf den Boden des Glases dicht über die Substanz geführt werden. Viel bequemer ist die Ausführung in „gekropften" Reagiergläsern (vgl. obenstehende Figur), deren Kropf das Reagens aufzunehmen hat. Rohrmündung durch gut passenden Kork zu verschließen.

6 Aus Halogeniden + Oxyd-Mittel oder Halogenaten + Redukt.-Mittel. Bromate und Jodide auch ohne solche. Bläuen Jodzinkstärke-Papier. Rötet Fuchsin-SO_2-Papier, wenn Br-haltig.

7 Flamme farblos, auf kalten Flächen Tröpfchen-Beschlag neutraler R. (H_2O): H_2 aus Metallen.

8 Schwärzt Bleipapier: Sulfide [1]), ev. auch Sulfit, Thios., Rhodanid [2]) neben Redukt.-Mitteln (z. B. Zn). H_2S + S aus Polysulfiden (z. B. Ultramarin), ev. auch aus Sulfit oder anderen Oxyd.-Mitteln neben viel Sulfid. Man kann das Gas im Kropfglas bequem in Lauge auffangen und mit Nitroprussiat nachprüfen.

9 Bittermandelgeruch, Pfirsichblüt-Farbe der Flamme, kalt aus einfachen Cyaniden, heiß auch aus den Fe-Komplexen, unter allmählicher Bildung eines weißen, bald blaugrün werdenden N's. Um HCN im Gemenge mit anderen Gasen in geringen Mengen zu erkennen, fängt man das entweichende Gas in NaOH oder $(NH_4)_2S_5$ auf und weist als Berlinerblau oder Rhodanrot nach. HCN aus einfachen (neben komplexen) Cyaniden schon mit CO_2 (Kochen mit $NaHCO_3$) oder bei Zusatz von HCl mit sofort nachfolgender Neutralisation durch $CaCO_3$ [3]). Aus $Hg(CN)_2$ nicht mit H_2SO_4, sondern nur mit HCl, begünstigt durch KCl-Überschuß.

10 Lauchartiger Geruch, fahlblaue oder grünliche Flamme: aus P- und As-haltigen Metallen; auch aus As- und niedrigeren P-haltigen Anionen neben Redukt.-Mittel (Zn).

11 Aus echten Peroxyden.

12 Aus manchen Siliziden.

13 Aus Chlorat mit Oxalat (neben CO_2).

14 Aus C-haltigen Metallen.

Farbänderungen: (man verwende dil. HCl):
farblos → rot, l. i. Äther: $Fe(CNS)_3$ neben „störender Sz.,
„ → blau (Färbung oder Fällung) $FeCy_6''''$ + $Fe^{\cdot}$ und „störende" Sz.,

---

[1]) Unlösliche Sulfide, wie Kupferkies, entwickeln H_2S mit heißer dil. HCl (nicht mit H_2SO_4), mit konz. HCl sogar allmählich in der Kälte.

[2]) Übrigens entwickeln auch Rhodanide der Alkalien allein schon bei Erhitzen mit dil. H_2SO_4 ein Pb Papier schwärzendes und wie H_2S riechendes Gas.

[3]) Böttger, Qual. An., 3. Aufl.

farblos → braunrot (violett l. i. $CHCl_3$) Jod aus Jodid + Oxyd.-Mittel (z. B. KJO_3) oder Jodat + Redukt-Mittel (z. B. Sulfit),

„ → rotbrauner N.: Molybdat + $FeCy_6''''$,

„ → dunkelrot, l. i. CS_2, entfärbt durch Alkohol oder beim Kochen: NO_2' + CNS' + Azetat,

„ → grau: HgCl beim Kochen mit HCl: $HgCl_2$ + Hg,

„ → gelb: Sulfit + Thiosulfat,

„ → gelb bis rot, dann entfärbt unter S-Abscheidung: „Hyposulfit",

„ → blau, schnell vorübergehend (nur mit gut gekühlter HNO_3) Nitrit.

Niederschläge: $B(OH)_3$; $Si(OH)_4$; Metallcyanwasserstoff oder Cyanide, als deren Zersetzungsprodukt; in seltenen Fällen Metallhydroxyde (aus Antimonit, Aluminat u. ä.), die sich leicht in mehr Säure wieder lösen; Sulfide von As, Sb, Sn aus Salzen ihrer Sulfosäuren, solche von anderen Me'en durch Zersetzung ihrer Thiosulfatkomplexe; Jod aus Jodid + Oxyd.-Mittel oder aus Jodat + Redukt.-Mittel; S aus Polysulfid, Thiosulfat, Sulfid + Oxyd.-Mittel oder Sulfit + Redukt.-Mittel. Auch schwer lösliche saure Salze wie Weinstein könnten bei schwachem Ansäuern ausfallen.

Konzentrierte H_2SO_4. Um der Gefahr von Explosionen ($KClO_3$!) vorzubeugen, zuerst wenig Sz. anwenden! Trat schon mit dil. H_2SO_4 R. ein, so verwendet man zweckmäßig den dort bleibenden, durch Neutralisieren und Eindampfen erhaltenen Rückstand. Die betr. R'en sind deswegen hier nicht nochmals aufgeführt. Anstatt mit konz. H_2SO_4 kann auch trocken mit $KHSO_4$ oder $(NH_4)_2SO_4$ („Schwefelsäure in fester Form") oder schließlich mit konz. H_3PO_4 erhitzt werden [1]). Man beobachtet:

---

1) Die in Gegensatz zur konz. H_2SO_4 nicht oxydierende konz. H_3PO_4 reagiert dieser ähnlich, kann jene z. B. bei der Ringreaktion für NO'_3 ersetzen, macht in der Hitze aus Chloriden, Bromiden (!), Fluoriden, Rhodaniden (HCNS erkennbar durch Rotfärbung von $FeCl_3$-

Gasentwicklung. Farblos: An der Luft rauchend, mit NH_3 Nebel bildend, $AgNO_3$-Tropfen trübend: HCl, HF, SiF_4 [1]). — Flamme grünfärbend: BF_3 aus Borat + Fluorid (ev. Komplex BF_6'''). — Mit blauer Flamme brennend: CO (fällt aus Ag—NH_3-Lösung im Kropfglas Ag-Metall): Oxalat, Tartrat, Formiat, Cyanide (einfache und komplexe), Zitrate [2]) u. a. organische Anionen. — Glimmenden Span entflammend: O_2 aus Peroxyden, Persalzen, Bromaten. — Geruch nach SO_2: Rhodanid (neben dessen Zersetzungsprodukten CO, CO_2, COS, CS_2, S); Dithionat (durch dil. H_2SO_4 nur langsam zersetzt); allgemein auch durch zahlreiche H_2SO_4 reduzierende Mittel (org. Vbdgg., Jodide, HgCl usw.), daher an dieser Stelle nicht charakteristisch.

Gefärbte Gase. Braun: NO_2 aus Nitrat [3]). — Mit 1 gtt. $AgNO_3$ in HNO_3 unlösl. Trübung gebend: Br aus Bromid oder Bromat [3]). — CrO_2Cl_2 aus Chlorid + Chromat. — ClO_2 explosiv, aus Chloraten. (Im Rückstand entsteht dabei $HClO_4$.) Eindeutige Erkennung all dieser besser an anderer Stelle. — Grün bis gelb: Chlor. — Violett: Jod aus Jodiden (nicht aus Jodat), Permanganat (explosiv!). — In kalter

getränktem Papier und stechenden Geruch) die betr. Wasserstoffsäuren frei (nur aus Jodiden bildet sie wie H_2SO_4 daneben Jod), mit Oxalat gibt sie kein CO, mit Bromaten erst in der Hitze Br (H_2SO_4 schon in der Kälte), mit Chloraten kein explosives ClO_2, beim Erhitzen grünes Cl, mit Nitraten keine braunen, sondern farblose (HNO_3) Dämpfe. Aus K_4FeCy_6 bildet sie in der Hitze HCN und viel Berlinerblau.

1) SiF_4 trübt natürlich nur das H_2O der $AgNO_3$-Lösung durch ausgeschiedene Kieselsäure. — Reines HF würde $AgNO_3$ nicht trüben, sondern nur das immer zugleich anwesende SiF_4. ➡ Für HF sehr charakteristisch sind die von der Wand ablaufenden öligen (bei Verwendung von konz. H_3PO_4 nicht bemerkbaren) Tropfen und die Glas-Ätz-Probe. Ausgeführt mit dem in E. S. unl. Ca-N'e: F'-Nachweis neben SiF_6; mit dem HCl unl. Ba-N'e: SiF_6-Nachweis neben F'. Glas wird bei längerer Berührung angeätzt (erst nach Ausspülen und Trocknen bemerkbar). — Auf die mangelnde oder erschwerte Zersetzbarkeit mancher Halogenide durch konz. H_2SO_4 sei besonders verwiesen (Hg, Ag, Cu).

2) Zitrat und Tartrat vgl. C. 06, 2, 823.

3) Vgl. auch das Verhalten bei Erhitzen mit konz. H_3PO_4. Die von Nitrat herrührenden braunen Dämpfe treten auch auf bei Erhitzen mit Zn und dil. H_2SO_4.

oder heißer konz. H_2SO_4 sind viele Stoffe mehr oder weniger unverändert löslich. ($HgCl_2$.) Viele organische verkohlen damit, schon in der Kälte (Rohrzucker) oder in der Hitze (Tartrate) unter Verbreitung charakteristisch brenzlichen Geruchs (nach Karamel oder verbranntem Papier).

Konz. H_2SO_4 mit Zusätzen. Die Bildung von $\frac{BF_3,}{CrO_2Cl_2}$ kenntlich an $\frac{\text{Grünfärbung der Flamme}^{1)}}{\text{Auffangen in NaOH usw.}}$ kann benutzt werden zum Nachweis von $\frac{\text{Borat oder Fluorid}}{\text{Chromat oder Chlorid}}$, je nachdem man dem Gemisch von Sz. + H_2SO_4 beim Erwärmen zusetzt $\frac{CaF_2 \text{ oder Borsäure}}{NaCl \text{ oder } K_2Cr_2O_7}$. [Wichtiger Nachweis [2]) von Cl neben Br und J.] — Erhitzen mit Fluorid + H_2SO_4 im Pt-Tiegel kann durch Bildung von SiF_4 zur Erkennung der Kieselsäure dienen. — Erhitzen mit $FeSO_4$ + H_2SO_4: violette Dämpfe: Jod aus Jodaten. — Erhitzen mit Alkohol und H_2SO_4: süßlicher Geruch nach Essigäther: Azetate; Geruch nach Arrak: Formiat. (Vergleiche den Geruch des beim Leerversuch aus Alkohol und H_2SO_4 allein bei Erhitzen entstehenden Äthers bzw. Aldehydes.) — Bequemere Ausführung: Man bringt auf ein Uhrglas Sz. + konz. H_2SO_4 + Alkohol und bedeckt mit einem Becherglas. Nach 5—10′ Abheben und Hineinriechen: Essigäther-Geruch.

---

[1]) Einführung eines mit dem Gemisch beleuchteten Pt-Drahtes in die Flamme. Vor Auftreten anderer Flammenfärbungen erscheint das Grün für kurze Zeit.

[2]) Bei Erhitzen trockener Sz. mit konz. H_2SO_4 übergehende, dunkelrot-braune Dämpfe fängt man in NaOH auf, säuert mit dil. HNO_3 an und beseitigt etwa bestehendes J oder Br ($HBr + HOBr \rightarrow Br + H_2O$) durch Kochen. Bequemer nimmt man NH_3 statt NaOH und zerstört dadurch Hypobromit ($3\,KOBr + 2NH_3 \rightarrow 3\,H_2O + N_2 + 3\,KBr$), muß dann aber J vorher durch Kochen mit Fe-Alaun verflüchtigen, weil sonst explosibles NJ_3 entstehen könnte. — Auch die Chromyl-R. versagt bisweilen.

Verrührt man Sz. mit konz. H_2SO_4 oder HCl, verdünnt mit möglichst wasserfreiem Methylalkohol (besser als Äthylalkohol), filtriert und entzündet eine mit dem zum Umrühren benutzten Reagierglase herausgenommene Probe, so zeigt grüne Flamme [1]) Borat an. Na- und Ba-Vbdgg. sind bei der Temp. brennenden Alkohols nicht flüchtig.

Niederschlag-Reaktionen

$BaCl_2$ und $AgNO_3$ sind für die Anionenprüfung am meisten angewandten Fällungs-Reagenzien. Schon um mit dem teuren Ag-Reagens zu sparen, empfiehlt sich zur Fällung mit $AgNO_3$ das Filtrat einer vorangegangenen Fällung mit Ba-Nitrat (!) zu verwenden. In die Ba-Fällung geht die Anionen-Mehrzahl, nämlich fast alle C-, S- [2]), Cr-, P- [2]), As-, Si-, F-, B-haltigen, dazu BrO_3', JO_3' und $FeCy_6''''$. Ein großer Teil derselben wird an anderer Stelle ebensogut oder einfacher erkannt. Einen möglichst einfachen, nur auf Cl, Br, J und CNS zu prüfenden Ag-N. erhält man, wenn man durch eine Zwischenfällung (zwischen Ba und Ag) mit $Cd^{\cdot\cdot}$ oder auch wohl $Zn^{\cdot\cdot}$, anwesendes Sulfid und CN-haltiges Anion (except. CNS) auch noch wegfängt. Manche Ba-Fällungen werden nicht, oder nicht schnell genug quantitativ und gut filtrierbar, so daß z. B. Reste von $FeCy_6$ und HPO_3'' im Cd-N. auftreten können. Ebenso würde der Ag-N. ev. verunreinigt durch BrO_3', JO_3',AsO_2' und S_2O_3''. Namentlich letzteres bzw. das durch seine Zersetzung entstehende schwarze Ag_2S stört im Ag-N'e, weil es nicht, wie die anderen, von Cl, Br, J und CNS leicht durch Extraktion mit HNO_3 oder NH_3 getrennt werden kann, und weil es bei Farb-Reaktionen mit dem Ag-N'e stört. Anwesendes

[1]) Grüne Flamme durch $Ba^{\cdot\cdot}$ + H_2SO_4 konz. + CH_3OH siehe Chem. Ztg. 51, 38.

[2]) Außer Sulfid, Rhodanid, Thionaten und Hypophosphit. — S_2O_3'', HPO_3'', AsO_2' meist unvollständig.

Thiosulfat kann darum zweckmäßig im Filtrat des Cd-N'es durch eine Vorfällung mit $Pb^{\cdot\cdot}$ zurückgehalten werden. Im Pb-N'e würde allerdings auch zu rechnen sein mit Cl, Br, J, CNS und Resten JO_3' und AsO_3'. Heiße E. S. löst aber diesen N. bis auf Thio. und Jodat. Der E. S.-Extrakt wäre daher dann neben dem ersten Filtrat des Pb-N'es zur Fällung mit $Ag^{\cdot}$ zu benutzen.

Die Ba-Fällung

Reichlich vorhandenes NH_4-Salz erschwert oder hindert einige Fällungen [1]) (z. B. Borat, Tartrat, Fluorid). Man kann dasselbe durch Kochen mit NaOH oder Soda entfernen, muß aber bedenken, daß manche Anionen gegen OH und höhere Temperatur empfindlich sind. Man fällt darum auch besser in der Kälte [2]). Im Filtrat entstehen dann ev. bei Erhitzen erneut charakteristische N'e. Ba-Salze können im N. enthalten sein

gefärbte: CrO_4,
saures $KMnO_4$ (und mit Ausnahme der ersten zwei auch Jod) entfärbende C_2O_4'', $C_4H_4O_6''$, SO_3'', S_2O_3'', AsO_2', PO_3'', $FeCy_6''''$,
„Barytwasser trübende“ [3]): SO_3'', S_2O_3'', CO_3'' (ev. C_2O_4'' neben Oxyd.-Mittel, ev. auch aus Cyanat, wenn es heiß gelöst wurde),
oxydierende (J-freimachende): BrO_3', JO_3', CrO_4', AsO_4''', $FeCl_3$ färbende: $FeCy_6''''$,
mit Mo reagierende: PO_4''', PO_3', P_2O_7'''', AsO_4, AsO_2', SiO_3,
mit Al + NaOH-Nitroprussiat reagierende: S_2O_3'', SbS_4''',

---

[1]) Störung mancher Ba-Fällungen (PO_4, C_2O_4) auch durch Tartrat.

[2]) Im praktischen Fall läßt sich die Analyse je nach dem Ergebnis der Probefällungen natürlich vereinfachen. So wird z. B. die Ba-Fällung, wenn das Filtrat bei Erhitzen klar bleibt, immer in der Hitze vorzunehmen sein. — Daß manche Anionen wie etwa Sulfid und Nitroprussiat nicht in derselben Sz.-Lösung vorhanden sein können, sich also gegenseitig ausschließen, ist selbstverständlich. — Kalt gefällt löst sich Ba-Oxalat in viel E. S.

[3]) Ungenauer, aber durch seine prägnante Kürze verständlicher Ausdruck.

in heißem H_2O lösliche: BrO_3', S_2O_3'' [1]),

in heißer NH_4Cl-Lösung lösliche: Borat, Tartrat (Jodat, Fluorid),

in E. S. unlösliche: C_2O_4'' [6]), SO_3'' [1]), CrO_4'', P_2O_7, $FeCy_6''''$, SO_4'', SiF_6'' (BaF_2 in E. S. merklich l.) [2]).

durch HCl unter Bildung eines N's zersetzbare: S_2O_3'', SiO_3'' (ev. Borat und $FeCy_6''''$), SbS_4'''.

Durch Farb-R. erkennbar: Borat. Da die grüne Flammenfärbung durch Ba stört, zersetzt man mit H_2SO_4, filtriert und macht mit dem Filtrat die Farb-R'en.

Durch Kombination mit den anderen Prüfungsmethoden wird fast immer mühelos feststellbar sein, welche Anionen in Frage kommen. Man kocht z. B. den „kalten" Ba-N. mit HCl (ungelöst $BaSO_4$; ev. auch $BaSiF_6$ und fällt das Filtrat mit $CaCl_2$ und Na-Azetat (bis essigsauer): ein weißer, fein kristallinischer, saures $KMnO_4$ entfärbender, Resorzin-H_2SO_4-bläuender, durch PbO_2 + E. S. gelöster N. zeigt Oxalat an.

Ein beim Kochen [3]) des Filtrats der kalten $Ba^{\cdot\cdot}$-Fällung entstehender N., z. B. a) $BaCO_3$, kann herrühren von HCO_3', oder CNO [4]); b) $BaSO_4$ von S_2O_8'' [5]) oder Trithionat oder, wenn vorher angesäuert wird, von Dithionat;

---

1) Beim Fällen mit Sr-Salz geht SO_3'' und SO_4'' in den N. (trennbar durch HCl), Sulfid und Thio. ins Filtrat (trennbar durch $Zn^{\cdot\cdot}$). — Beim Fällen mit Cd-Salz geht Sulfid und Sulfit in den N. (trennbar durch E. S.), Thio. und Sulfat ins Filtrat (trennbar durch $Sr^{\cdot\cdot}$). — Boedeker's Farb-R. auf Sulfit vgl. Bd. I.

2) $BaSiF_6$ wird beim Glühen in HCl-l'es BaF_2 verwandelt (Nachweis von SO_4'' u. SiF_6'' nebeneinander).

3) Es ist nützlich, eine sehr kleine Probe der Filtrate vor dem Kochen zu prüfen, ob sie noch oxydierende oder reduzierende Eigenschaften zeigt und ob sie mit HCl noch Gase entwickelt, nachdem ein großer Teil der hierfür in Betracht kommenden Anionen durch Ba ausgefällt ist und z. B. Hypochlorit beim folgenden Kochen zerstört wird.

4) Macht man vor der kalten Fällung phenolphthalein-alkalisch, so daß HCO_3' als $BaCO_3$ fällt, so kann bei Erhitzen des Filtrats entstehendes $BaCO_3$ nur von Cyanat herrühren.

5) Vgl. I, 82, A. 3.

6) Vgl. 135, A. 2.

c) $BaSO_3$ von „Hyposulfit". Äußerlich unerkennbar zersetzt sich gleichzeitig Hypochlorit in Cl' und ClO_3'.

Der Zn- (oder Cd-)[1]) Niederschlag

kann enthalten OH', S'', S (aus Polysulfid), CN'[2]), $FeCy_6'''$, Reste $FeCy_6''''$, $CoCy_6'''$, $Fe(CN)_5NO''$[3]) und Reste HPO_3''[4]). Man trennt mit NH_3 (ZnS und S ungelöst) und dann mit E. S.-Überschuß [$Zn(CN)_2$ und $Zn(OH)_2$ allein gelöst]. Die Erkennung der einzelnen, besonders in Kombination mit den anderen Prüfungsmethoden, z. B. durch Farb-R'en, $CoCy_6'''$ durch blaue Borax-Perle, CN' durch HCN-Entwicklung bietet keine Schwierigkeiten.

Der nur bei Gegenwart von Thiosulfat im Filtrat der Zn- oder Cd-Fällung mit $Pb(NO_3)_2$ herzustellende

Pb-Niederschlag

kann enthalten Cl' (unvollständig), Br', J', CNS' und die von Ba¨ und Cd¨ nicht gefällten Reste S_2O_3'' und JO_3' und etwas AsO_2'. Bei Behandlung mit heißer E. S. bleiben unlöslich zurück 1. Thiosulfat, 2. Jodat, die nach Kochen mit Sodaüberschuß im Filtrat identifizierbar sind, u. zwar 1 mit KCN, 2 nach Zerstörung von 1 (Kochen mit H_2SO_4). Aus dem essigsauren Extrakt fällt $AgNO_3$: Cl', Br', J', CNS' (weitere Prüfungen im folgenden). Zusatz von 1 gtt. dil. HNO_3 hält AsO_2' in Lösung.

Der Ag-Niederschlag

Wenn man, wie vielfach üblich, die Urlösung oder die Sodaabkochung direkt mit Ag fällt, so ist, wie bei der

---

1) Daß zuerst nur eine kleine Probe zum Versuch genommen, und wenn die Fällungen mit Zn.. und mit Pb.. ausbleiben, direkt mit Ag˙ gefällt wird (zunächst auch nur probeweise), ist selbstverständlich.

2) $Hg(CN)_2$ geht hier, wie auch bei der Pb- und Ag-Fällung zum Teil ins Filtrat.

3) Nitroprussiat nur im Cd-, nicht im Zn-N'e.

4) Mit Zn-, besser Cd-Salz läßt sich in NH_3-Lösg. auch Perchlorat ausfällen (Salvadori-R. vgl. Bd. I).

$Ba^{\cdot\cdot}$-Fällung, mit unzweckmäßig viel Anionen im N. zu rechnen [1]). Durch stufenweise Extraktion läßt er sich immerhin zerteilen in

a) einen in heißem H_2O löslichen Teil [2]): BrO_3', NO_2', Azetat, SO_4''. Dabei kann der N. sich dunkel färben durch Oxyd, Peroxyd, Sulfid oder Ag-Metall (Borat, CO_3'', S_2O_8'', S_2O_3'', S_2O_4'', höhere Thionate, SO_3'', Formiat, HPO_3'', H_2PO_2', Ag-Metall auch durch Ferrosalz);

b) der Rest in einen in warmer dil. HNO_3 löslichen Teil, der die größte Menge von Anionen enthält, die, namentlich die ungefärbten, besser an anderer Stelle erkennbar sind;

c) der Rest von b in einen in HNO_3 unlöslichen, in $\frac{n}{10}$ NH_3 [3]) löslichen Teil: Cl, CN, $FeCy_6'''$, $CoCy_6'''$, $Fe(CN)_5NO''$;

d) der Rest von c in einen erst in 10 %igem NH_3 löslichen Teil: Br, CNS [3]).

e) der Rest von d kann in NH_3 unlösliches Ag_4FeCy_6 [4]) und AgJ (durch NH_3 entfärbt) enthalten.

Viel einfacher zusammengesetzt als a bis e ist der nach obigem „Gang" erhaltene Ag-N. Mit $AgNO_3$ — zunächst probeweise — zu fällen ist danach der E. S.-Extrakt der Pb-

---

1) Auch wenn man zur Ag-Fällung das Filtrat des Ba-N'es benützt, ist im Ag-Ne noch mit reichlich viel Anionen zu rechnen, nämlich mit NO_2', Azetat, Cl, Br, J, CN, CNS, S'', höheren Thionaten, $FeCy_6'''$, $CoCy_6'''$, $Fe(CN)_5NO''$, H_2PO_2', Formiat und mit Resten von durch Ba nicht gefälltem $FeCy_6''''$, BrO_3, JO_3, S_2O_3, HPO_3'', AsO_2'. — Fraktionierte Fällg.: weiße Ag-N'e ($FeCy_6^4$, CNS, Cl, CN) vor farbigem CrO_4, AsO_4, PO_4 ausfallend; Ag_2CO_3 vor Ag_2O; umgekehrt farbige (S'', J') vor Br', CNS', Cl', CN'.

2) Zur Erkennung von BrO_3 und der sich verfärbenden N'e zu empfehlen.

3) ▶ Setzt man dem Extr. des HNO_3- unl. Ag-N's mit gewöhnlichem 10 %igem NH_3 vorsichtig HNO_3 zu, so fällt kurz bevor er sauer wird, zuerst Br' u. CNS! Br-Nachweis in dem daraus durch Aufschluß mit $Zn + H_2SO_4$ erhaltenen, HBr u. HCNS enthaltenden Filtrat mit $Cl_2 + CHCl_3$.

4) Das schon an der Luft unter schwacher Blaugrünfärbung leicht zersetzliche Ag_4FeCy_6 zersetzt sich beim Aufkochen mit NH_3 in schwärzlich-braunes Eisenoxydhydrat und lösliches $NH_4Ag(CN)_2$.

Fällung und getrennt davon das Filtrat des Pb-N's [1]). In diesen Ag-N'en ist zu rechnen mit Cl, Br, J, CNS, in dem aus dem Filtrat des Pb-N's noch mit BrO_3', NO_2', Azetat, Formiat, Hypophosphit und etwas AsO_2 [2]). Bei wiederholtem Auskochen des letzteren mit wenig H_2O und Filtrieren kann bei Erkalten ausfallen: 1. NO_2', 2. BrO_3', 3. Azetat (Nachweis von 1 mit Al + OH', von 2 mit SO_2, von 3 mit $FeCl_3$). Scheidet sich zugleich Ag ab, so war Formiat oder Hypophosphit vorhanden. Im restlichen N'e und in dem damit vereinigten N., den man mit $Ag^{\cdot}$ im E. S.-Extrakt der Pb-Fällung erhält, prüft man nach Waschen mit dil. HNO_3 am einfachsten wie folgt: Rotfärbung einer kleinen Probe mit $FeCl_3$ (wenigen Tropfen dil. Lösung): CNS. — Violettfärbung mit Chlorwasser und $CHCl_3$: J'. — Chlorid im Extrakt mit $\frac{n}{10}NH_3$ durch HNO_3. (In Zweifelfällen CrO_2Cl_2-R.)

Das Endfiltrat der Ag-Fällungen (nach vorangegangener Ba''-Fällg.) kann enthalten ClO_3', ClO_4', Dithionat, $Hg(CN)_2$ und Reste Azetat, Formiat, Nitrit. Ausfällen der nicht sauren Lösung mit H_2S würde ev. HgS ausscheiden; im Filtrat (nach Wegkochen von H_2S und HCN), mit SO_2 aus der erkalteten Lösung ausfallender weißer, in HNO_3 unlöslicher N. (AgCl) ClO_3' anzeigen (ev. durch Zersetzung von Hypochlorit entstanden) [3]). Das SO_2-haltige Filtrat oder — bei Ausbleiben einer SO_2-Fällung — die ursprüngliche, von HCN befreite Lösung dampft man zur Trockne, glüht, reduziert durch Kochen mit Zn + dil. H_2SO_4 und prüft im Filtrat mit $Ag^{\cdot}$ + HNO_3 auf (Perchlorat ent-

[1]) Oder bei Anwesenheit von S_2O_3'' das Filtrat der Zn-Fällung, bei Abwesenheit einer Zn-Fällung das Filtrat der Ba-Fällung, bei Abwesenheit einer Ba-Fällung die ursprüngliche Lösung.

[2]) Auch höhere Thionate könnten hier auftreten (Tetrath. gelb) bzw. Ag_2S als ihr Zersetzungsprodukt. Sie werden am besten gemeinsam durch Kochen mit $Hg(CN)_2$ ausgeschieden, wobei HgS, S, HCN und HSO_4' entstehen.

[3]) Bei Schütteln mit Hg-Metall entsteht: HgCl aus freiem Cl; HgO_2Cl_2 aus HOCl (beide trennbar mit HCl); Cl' u. ClO_3' bleiben unverändert.

stammendes) Cl'. (Kontrolle durch Fällen der Urlösung oder des Filtrats vom Ag-N'e mit Cd-Salz in stark ammoniakalischer Lösung; in kochd. H_2O l. N.)

Andere Nachweise der auf S. 138 c, d u. e. genannten Anionen:

a) Eine Lösung von $Zn(NO_3)_2$ fällt in der Hitze $FeCy_6$ 3 u. 4 (Aus der Lösung beider in NaOH fällt NH_3 nur die Ferro-Vbdg.) Aus d. Filtr. fällt $AgNO_3$: CN, CNS, Cl, Br, J, S''. — $Hg^{\cdot\cdot}$-Azetat löst aus diesem N. allein AgCN. Aus dem CN'-freien Rückstand bringt Behandlung mit alkalischer Formiatlösung ins Filtrat: CNS und Cl. Aus diesem zweiten Rückstand löst $Cu^{\cdot\cdot} + NH_3$ als Cuprammin-Vbdg. Br' und J'. Rückstand 3: Ag_2S. (C. 1915, 1, 169).

b) Durch $CuSO_4 + SO_2$ wird Chlorid allein nicht gefällt.

c) Durch langes Kochen mit starker E. S. und PbO_2 wird Chlorid nicht zersetzt in Gegensatz zu Br', J' u. einem Teil der CN-haltigen.

d) Bei Glühen des Ag-N's oder Kochen mit H_2SO_4 (1 + 1) bleiben die Halogenide allein unzersetzt.

Der Molybdat-Niederschlag

Übliche Art der Prüfung auf PO_4: Der stark salpetersauren, NH_4NH_3-haltigen erhitzten NH_4-Molybdat-Lösung (2—3 ccm 3%ig) setzt man tropfenweis die Analysenlösung zu. Gelber N. [1]) unter vollständiger Entfärbung der Flüssigkeit: PO_4'''. Der gelbe N. könnte auch herrühren von PO_4, das sekundär durch Addition von HOH oder O_2 entstanden sein könnte aus Meta- oder Pyrophosphat [2]) oder Phosphit (nicht von Hypophosphit) und, wenn anwesendes As nicht

[1]) Die Bildung des gelben PO_4-Komplexes wird gehindert durch viel Oxalat oder Tartrat und sehr viel Azetat, die ihn lösen (farblose Flüssigkeit). — Bei Gegenwart von Ferrocyaniden, die mit Molybdat + HNO_3 eine dunkelrotbraune starke Fällung geben (gehindert durch lösliche Chromate), muß die auf PO_4 zu prüfende Flüssigkeit besonders stark sauer und kochend heiß sein. Oder man fällt vorher PO_4 mit Sr; $FeCy_6$ bleibt gelöst.

[2]) Pyro- und Metaphosphate bilden weiße, in HNO_3 lösliche Ag-Salze und in E. S. unlösliche Ba-Salze. Zn-, Cd-, Cu-Pyro-Salz ebenfalls in E. S. unlöslich (vgl. Chem. Ztg. 29 [1905] 1326). Ein beim Aufkochen des Filtrats einer kalten $Mg^{\cdot\cdot}$-Fällung entstehender N. deutet auf Pyrophosphat. Kontrollprüfg. des N's mit Mo.

vorher durch H_2S ausgefällt ist, auch bestehen aus NH_4-As-Molybdat, wobei die Lösung gelb bleibt (ev. ohne Bildung eines N's, z. B. wenn nicht erhitzt wurde). Gelbe Lösung — auch in der Hitze ohne N.-Bildung — kann herrühren von lösl. Silikat oder von Peroxyd oder Perborat (sekundäre Persäure-Ionen, z. B. S_2O_8, reagieren nicht). Aus der Lösung des abfiltrierten, als PO_4-haltig angesprochenen N's in NH_3 muß sich mit Mg-Mixtur ein farbloser N. fällen lassen, der sich mit $AgNO_3$ betupft gelb färbt (Braunfärbung könnte von AsO_4 herrühren). Sonst ist der PO_4-Nachweis nur eindeutig bei Verwendung kalter schwefelsaurer, von As (mit H_2S) befreiter Lösung [1]). Der N. entsteht dann aber ev. erst nach längerer Zeit, beschleunigt durch reichlichen NH_4-Salz-Zusatz. Schneller wird zwischen den einzelnen genannten Ionen unterschieden bei Ausführung als Farbreaktion.

Prüfung auf oxydierende und reduzierende Wirkung

Allgemeine Reagenzien [2]):

Auf reduzierende Wirkung: Konz. HNO_3 (: rotbraune Dämpfe). Konz. H_2SO_4: SO_2-Geruch. — $KMnO_4$ [3]) (:Entfärbung) [4]) in neutraler, alkalischer, essig- oder schwefelsaurer [5]) Lösung. — Jod- [6]) oder blaue Jodstärke-Lösung

---

1) Phosphite geben auch ohne Oxydation zu PO_4, also auch in H_2SO_4-Lösung, mit und ohne NH_4-Salz-Zusatz einen gelben Mo-N., aber nur in heißer Lösung.

2) Notwendigkeit des Ausschlusses oxydierender oder reduzierender Lösungsmittel. — Prüfung auch von Aufschlämmungen statt Lösungen.

3) Verschiedenes Verhalten gegen Jod und gegen Permanganat in saurer Lösung: Entfärbung beider: SO_3'', S_2O_3'', S''. — Beide nicht entfärbt: HPO_3'', OCl'. — P. entfärbt, Jod nicht: NO_2', H_2PO_2', AsO_2', CN-haltige, Oxalat, H_2O_2. — Alkalisches $KMnO_4$ oxydiert J' zu JO_3 (diff. Br') saures wird durch HPO_3'' sehr langsam entfärbt, neutrales schnell.

4) Man gebe sehr wenig sehr dil. $KMnO_4$-Lösung zu a ccm Analysenlösung und gleichzeitig zum Vergleich der Farbe zu a ccm Wasser.

5) BaO_2 reagiert nur in HNO_3-Lösung, glatt mit $KMnO_4$, $K_2Cr_2O_7$ u. a.

6) Entsprechend Anmkg. 4 oben Gesagtem.

mit oder ohne HCl-Zusatz (: Entfärbung). — Bijodat- + Stärke-Lösung (: Blaufärbung), ebenso Nitrit-Jodat-Stärke + HCl-Ferriferricyanid (: Blaufärbung).

Auf oxydierende Wirkung: Konz. HCl (: Chlor-Geruch); KJ + HCl + $CHCl_3$ (: Violettfärbung); Jodzinkstärkelösung (: Blaufärbung)[1]; K_4FeCy_6 (: Grünfärbung)[2]. Besonders auch in alkalischer Lösung oxydieren Hypochlorite, Peroxyde, Ferricyanide, Permanganate; reduzieren: „Hyposulfit", Ferrotartrat, Arsenit.

Auf oxydierende oder reduzierende Wirkung: Indigo-H_2SO_4 Entfärbung (sauer durch Hypochlorit, „Hyposulfit", CrO_4'', MnO_4''; heiß durch NO_3', NO_2'; bei SO_2 Zusatz durch ClO_3'; alkalisch durch Pentathionat, Hypochlorit).

Die allgemeinen Reagenzien lassen ungewiß, ob 1 Kation oder Anion für die Reaktion in Frage kommt. Um dies zu entscheiden, kann man die R'en mit der Sodaabkochung wiederholen, muß aber bedenken, daß schon beim Kochen mit Soda Änderungen der Oxydationsstufe nicht ausgeschlossen sind.

In dem bei Ausbleiben einer R. erbrachten Beweis der Abwesenheit oxydierender oder reduzierender Stoffe liegt die Hauptbedeutung der allgemeinen Reagenzien. Es ist indes zu bedenken, daß manche $\frac{\text{niedere Oxydations}}{\text{stärker reduzierte}}$-Stufen $\frac{\text{stärker oxydieren}}{\text{weniger stark reduzieren}}$ als höhere (vgl. Nitrit und Nitrat; Tri- und Tetrathionat), und daß manche $\frac{\text{niedere Oxydations-}}{\text{höchste Oxydations-}}$ Stufen sogar mit ausgesprochenen $\frac{\text{Oxydations-}}{\text{Reduktions-}}$ Mitteln nicht oder schwer reagieren (Perchlorat und Perjodat mit Red.-

[1]) Mit der Lösung getränktes Papier wird auch durch HCl-Gas gebläut!

[2]) Etwa 1 ccm Sz.-Lösung + wenige Tropfen K_4FeCy_6-Lösung wird lebhaft grün (durch Bildung von K_3FeCy_6) bei Gegenwart von OCl', bei E.-S.-Zusatz durch NO_2' (schwächer durch BrO_3, JO_3, O_2'').

Mitteln; Phosphit [1]), Hypophosphat, Dithionat [2]), Hypochlorit mit $KMnO_4$, Hypophosphit mit HNO_3 u. ä.). — Besonders charakteristisch ist die Zwitterrolle von H_2O_2 (oxydiert HJ und H_2CrO_4; reduziert $KMnO_4$, Ferriferricyanid, AgCl + KOH), ähnlich NH_2OH [3]) (oxydiert As_2O_3, reduziert $KMnO_4$, alk. Cu- und Ag-Lösung, Jodsäure). Natürlich kann aber an derselben Sz. beobachtete Oxydations- und Reduktions-Wirkung auch von zwei verschiedenen Stoffen herrühren.

In Gegensatz zu den bisher genannten R'en stehen die viel spezielleren, bei denen das sichtbare Charakeristikum nicht in einer Änderung des Reagenses (wie bei Jod und $KMnO_4$), sondern in einer der nachzuweisenden Sz. besteht, die ohne weiteres oder erst durch nachherigen Zusatz eines zweiten Reagenses erkennbar sein kann (vgl. Beispiele in folgendem).

Gleichzeitiges Vorkommen von oxydierenden und reduzierenden Stoffen in derselben Sz. kann ihre Erkennung stark erschweren (z. B. sog. Mischgrüne aus Chromat + Berlinerblau oder Ultramarin; Pb_3O_4 + HgS u. ä.; Feuerwerksätze). Je nachdem sie durch Löslichkeit-Verhältnisse vor gegenseitiger Einwirkung genügend geschützt sind, pflegt die Ausgleichsreaktion bei Zutritt von H_2O, Säure oder Alkali, oder beim Erhitzen einzutreten. Manchmal lassen sich die Bestandteile ohne wesentliche Änderung durch Lösungsmittel [4]) trennen. Man kann dabei versuchen, die Oxydations- oder Reduktions-Wirkung der Sz. selbst durch die eines passend gewählten Lösungsmittels zu „übertrumpfen" und dadurch auszuschalten. Im allgemeinen sind natürlich oxydierende oder reduzierende Lösungsmittel möglichst auszuschließen, wenn eine oxydierende oder reduzierende Wirkung der Sz. in der Lösung nachgewiesen

---

[1]) Leicht durch SO_2 oxydierbar unter S.-Abscheidung.
[2]) Entfärbt $KMnO_4$ schnell nur mit starken S'en: E. S. erfordert langes Kochen.
[3]) NH_2OH = H(NH)—OH „Aminopersäure".
[4]) Alkalische Lösungsmittel kommen dabei besonders in Betracht.

werden soll. Oft kann man überhaupt darauf verzichten, die Sz. ganz in Lösung zu bringen und die R'en mit Aufschlämmungen anstellen (HgCl z. B. entfärbt blaue Jodstärke sofort beim Schütteln, Pb-Antimonat in HCl-Aufschlämmung macht Jod frei aus KJ, und selbst der überaus wenig lösliche Chromeisenstein entfärbt $KMnO_4$—H_2SO_4 nach kurzem Erwärmen).

Spezielle Reagenzien:

a) HNO_2 (= $NaNO_2 + H_2SO_4$) [1]). Zugesetztes $CHCl_3$ (1 ccm) wird violett: Jodide oder Jodate [2]). N_2-Entwicklung: NH_4- und Hydrazin-Vbdgg.; N_2O: Hydroxylamin.

b) Cl-Wasser und wenig $CHCl_3$ (zur Not auch ausführbar mit der Ag-Fällung): Violettfärbung des $CHCl_3$: Jodid. Bei vorsichtig vermehrtem Cl-Zusatz erst Entfärbung (Jodsäure), dann Gelb- bis Braunfärbung bei Anwesenheit von Br'; dann wieder Entfärbung. [Ausführung heikel (vgl. C. 1910, I, 1848).] Chlorwasser ist mit Vorteil ersetzbar durch Alkalibromat oder -jodat + dil. H_2SO_4. (Wegen Zersetzlichkeit von $HBrO_3$ Leerversuch nötig.) Das Violett des Jods geht dabei oft ohne sichtbare Entfärbung über Rot in Braun über. Aus der heiß filtrierten Abkochung des HNO_3-unl. Ag-N's mit NaCl-gesättigter E. S. macht $KBrO_3$ nur Br frei.

c) PbO_2 + Säure (Erwärmen mit ~): Gasentwicklung 1. CO_2: Oxalat; 2. O_2 (schon in der Kälte): echte Peroxyde; 3. gelbe Lösung: Nitrit; 4. Freies Br und J (gesammelt in $CHCl_3$) aus den Halogeniden; 5. brennbares CO: Cyanide. Als Säure für 1 u. 5 HNO_3; sonst E. S.

---

1) Ist Nitrit nicht verwendbar, weil durch Nebenreaktionen zerstört, bevor es auf HJ einwirken kann, kann man Jodid nachweisen durch Freimachen von J mit Chlorwasser, oder MnO_2 und E. S., oder Dichromat und dil. H_2SO_4 (kalt) oder in nichtsaurer Lösung mit $KMnO_4$ oder PbO_2 oder NaOCl, oder in Jodat (durch Kochen mit Soda-Permanganat) überführen und als solches nachweisen (mit $KJ + H_2SO_4 + CHCl_3$).

2) Jodiden gegenüber betätigt sich HNO_2 oxydierend, Jodaten gegenüber reduzierend. $6\,HJO_3 + 15\,HNO_2 = 15\,HNO_3 + 6\,J + 3\,H_2O$.

Die R. 4 kann dienen a) zum Nachweis von Br' [1]) wenn die Sz. bereits von J' befreit ist [2]); b) als Vorbereitung für den Cl'-Nachweis. Durch längeres Kochen (1/4—1/2 Std.) kann man nicht nur Br' und J' entfernen, ohne daß Cl' angegriffen wird, sondern auch einen Teil der CN-haltigen Anionen. In HNO_3-Lösung zerstört PbO_2 alle CN-Komplexe ($CoCy_6'''$ ausgenommen), aber auch die Chloride.

d) Zinkstaub [3]) (Kochen mit ~) [4]): Lebhafte N_2-Entwicklung: NO_3 neben NH_4 [5]). — Das Filtrat macht Jod frei aus $KJ + H_2SO_4$: Nitrat [6]); macht Jod frei bei bloßem Ansäuern: Nitrat + Jodid oder Jodat. — Gibt mit E. S. Geruch nach SO_2 ohne S-Abscheidung: Thiosulfat; mit $FeCl_3$ Berlinerblau: Nitroprussiat; gibt eine HNO_3-unlösliche Ag-Fällung [7]): Halogenat (oder Nitroprussiat).

e) Al + KOH (langsam schwach erwärmen) [8]): NH_3 (Geruch und Lakmus-R.) aus Nitrit, Nitrat, NH_2OH, N_2H_4, Cyaniden [9]), Rhodaniden. — K_2S (mit Nitroprussid-R. erkennbar) aus Thiosulfat, Rhodanid, höheren Thionaten, „Hyposulfit". Betr. AsH_3 u. PH_3 vgl. Bd. 1.

---

1) H_2O_2 und dil. H_2SO_4 macht dagegen Br frei aus Bromiden und Bromaten.

2) Durch Kochen mit Ferri- oder Cuprisulfat oder mit HNO_2 + $CHCl_3$, oder nach Überführung in Jodat durch Kochen mit $KMnO_4$ + Na_2CO_3 (oder NaOCl). Der entstehende MnO_2-N. hält auch bei reichlichem Auswaschen immer etwas Br zurück, je reichlicher er ist, um so mehr.

3) Am besten verkupfert durch kurze Digestion mit Cu-Salz.

4) $NO_3' \rightarrow NO_2'$; Halogenat → Halogenid; Thiosulfat → ZnS + $ZnSO_3$; Nitroprussidalkali $K_4Cy_6Fe + Zn(CN)_2 + N_2$.

5) N_2 entsteht beim Kochen mit NH_4-Salz allein durch OCl', NO_2', NH_2OH, Peroxyde, daher Prüfg. auf ClO_3' u. NO_3' in der so vorbehandelten Lösung.

6) ➡ Selbstverständliche Voraussetzung bei dieser und allen übrigen R'en, daß die unbehandelte Lösung die betr. R'en vorher nicht gab.

7) Cave: Cl'-Gehalt unreinen Zn-Staubes.

8) Die R. verläuft nach kurzer „Inkubations-Periode" sehr heftig. Man benütze ein weites, langes Reagierglas und verschließe oben mit einem Glaswolle-Bausch, sonst färben die feuchten alkalischen Nebel allein Lakmus blau. Man verwende Al-Blech oder Grieß, nicht Pulver.

9) $Hg(CN)_2$ und Ferricyanid reagieren schwer, Ferrocyanid und Cyanat gar nicht. NH_3 ev. auch aus organischen NH_3-Derivaten (Harnstoff).

f) KCN + KOH (Kochen, stark ansäuern mit HCl (Abzug!), Zusatz von $FeCl_3$)[1]: Rotfärbung: Polysulfid, Sulfostibiat, Thiosulfat, höhere Thionate, Hyposulfit, Schwefel. — Glühen mit KCN (Abzug!) u. Rotfärbung des H_2O-Extrakts der Schmelze mit HCl und $FeCl_3$ auch bei einfachen sehr unlöslichen Sulfiden.

g) Zn + HCl oder H_2SO_4 (längeres Erwärmen)[2]: H_2S (Geruch und Bleipapier!) aus säureunlöslichen Sulfiden (HgS, SnS_2) und Rhodaniden. [Auch aus Sulfit, Thiosulfat, höheren Thionaten, Hyposulfit, Dithionat[3]). Damit nicht unverändertes SO_2 entweiche, erwärmt man granuliertes Zn mit der S. und gibt kleine Mengen der Sz. hinzu.] Abwesenheit bzw. vorherige Entfernung durch S'n allein schon zersetzlicher Sulfide ist selbstverständlich vorausgesetzt. — H_2S + HCN: Rhodanid. (HCN ist durch Geruch neben H_2S kaum nachzuweisen.) Fängt man das Gas auf alkaligetränktem Papier auf, so läßt sich damit die Blau-R., nicht aber die Rhodan-R. durchführen; diese erfordert die Anwesenheit von Polysulfid. — Blaufärbung: Molybdat. — PH_3 (erkennbar durch lauchartigen Geruch, Brennbarkeit mit grüner Flamme und Gutzeitsche Probe, vgl. Bd. 1, neben H_2S nach dessen Absorption durch Lauge) aus Phosphit, Hypophosphit, Phosphiden, gelbem (nicht rotem) Phosphor. — AsH_3 und SbH_3 aus As und Sb-haltigen Stoffen (vgl. Bd. 1). — HCN und HCNS aus einfachen (auch unlöslichen) und vielen (aber nicht allen) komplexen Cyaniden und Rhodaniden. — Halogenwasserstoff aus unlöslichen Halogeniden (Aufschluß mit Zn + H_2SO_4:

---

[1]) Setzt man erst $FeCl_3$ zu und dann Säure, so entsteht Berlinerblau.

[2]) Für die R. mit Zn + H_2SO_4 verwendet man zweckmäßig Sz., die schon mit Säure allein vorbehandelt ist (Entfernung von SO_2, HCN usw.), und zwar untersucht man den löslichen und den unlöslichen abfiltrierten Teil gesondert. Der Wert der R. liegt auch darin, daß unübersichtliche Oxydations-R'en beim Lösen zwischen Bestandteilen einer Mischung (z. B. Chromaten und Sulfiden) verhütet werden können, weil das Lösungsmittel die Wirkung des reduzierenden Bestandteils „übertrumpft".

[3]) In der Kälte (schon bei 0°) Reduktion zu SO_2.

Nachweis im Filtrat wie üblich mit $Ag^{\cdot}$ + HNO_3) — HNO_2 bzw. Stickoxyde aus Nitraten.

h) Kochen mit gesättigter Oxalsäure-Lösung: Freiwerden von Jod aus Jodaten. — Gelindes Erwärmen mit Oxalsäure (oder H_2O_2) und E. S. oder HNO_3: CO_2 bzw. O_2-Entwicklung: Superoxyde (Pb, Mn, Co) und andere Oxydationsmittel.

i) Glühen mit Soda auf Kohle (Lötrohr): V e r p u f f e n : ClO_3', ClO_4', NO_3' (nicht NO_2'), BrO_3' (nicht oder kaum JO_3'). K n o b l a u c h geruch: As. — Die Schmelze erzeugt auf blankem, angefeuchtetem Silber einen braunschwarzen Fleck (Ag_2S): S-haltige Anionen (Hepar-Reaktion). — Berlinerblau-R. (die in einer Schmelze mit Soda ohne Kohle nicht zu erhalten war): Cyanat (analog auch nach k).

k) Glühen mit Mg oder Al nach Hempel (Anorg. 16. 24): Knoblauchgeruch beim Anhauchen: PH_3. In H_2O und Säure unlöslich bleiben in der Schmelze zurück B und Si. und können nach Oxydation durch Verbrennung zu B_2O_3 und SiO_2 erkannt werden.

l) $CuSO_4$: Schwarze, oder bald, besonders bei Erwärmen schwarz werdende Fällungen: OH', CO_3'', CNS', S_2O_3'', S_2O_4'', S_3O_6''. — Gelbgrün, schnell weiß werdend und nach $(CN)_2$ riechend: einfache Cyanide. — Braun, mit SO_2 farblos: Jodide; tiefgrüne Lösung: Nitrit.

$Cu^{\cdot\cdot}$—NH_3-Lösung: entfärbt: Hyposulfit.

$CuSO_4$ (wenige Tropfen) + Sz. + NaOH dunkelblaue Lösung: wenn bei Erwärmen N. von rotem Cu_2O bildend: Arsenit, Zucker (Monosacch.), Malz- und Milchzucker, NH_2OH, N_2H_4; wenn bei Erwärmen unverändert: Tartrat [1])

u. a. $CuSO_4$ mit dil. H_2SO_4 Lösg. der Sz. $\frac{\text{schwach}}{\text{stark}}$ erhitzt $\frac{\text{braungelbe}}{\text{rote}}$ Fällung $\left[\frac{CuOH}{Cu}\right]$: Hypophosphit. —

m) $HgNO_3$: Trithionat sofort schwarz, Tetra- und Pentathionat gelb, beim Kochen langsam schwarz werdend gefällt.

[1]) Ausgeführt mit dem Ca-N'e spezifisch für Tartrat.

(Kann natürlich leicht verdeckt werden durch R. anderer Anionen.)

n) —Ag— NH_3-Lösung: braune Lösung, aus der allmählich Ag_2S fällt: Pentathionat. — Farblose, bei Erwärmen Ag-Metall abscheidende Lösung: Tartrat [1]), AsO_2', NH_2OH und N_2H_4 (nicht Formiat). — Schwarzes Ag_2S aus S-haltigen zersetzlichen Anionen. Der Nachweis von Ag neben Ag_2S in der Fällung ist schwierig.

Farb-Reaktionen

1. Färbungen bei Zusatz von Säure; Färbung mit Indikatoren u. ä.

2. Färbungen mit Fe-Salzen:

a) mit $FeCl_3$ (wenige Tropfen sehr dil. Lösung):

rot, beständig bei Kochen u. gegen HCl (ev. mit HCl erst entstehend), l. i. Äther, durch Oxalat oder Fluorid entfärbt: CNS (am sichersten im Filtrat der Fällungen mit $Ba^{\cdot\cdot}$ und dann mit $Cd^{\cdot\cdot}$, oder mit dem HNO_3 unlöslichen Ag-Niederschlag;

rot, beim Kochen gefällt, durch HCl entfärbt: Azetat, Formiat (spezifisch für Azetat, wenn im Filtrat der Ag-Fällung mit $Fe_2(SO_4)_3$ ausgeführt);

braunrot bei Erwärmen und durch HCl entfärbt: SO_3''; nicht entfärbt, violett l. i. $CHCl_3$, durch Thio. entfärbt: Jodid;

tiefbraun u. durch $SnCl_2$ u. a. Reduktions-Mittel blau: $FeCy_6'''$;

violett: entfärbt sich von selbst, schnell bei Erwärmen: Thiosulfat;

blau (ev. Fällung): $FeCy_6''''$ (Prüfen der abfiltrierten Flüssigkeit mit mehr $FeCl_3$ auf CNS) [2]); ev. natürlich auch $FeCy_6'''$ neben reduzierender Sz.;

schwarz: Sulfid;

---

[1]) Vgl. S. 147, A. 1.

[2]) CNS' — $FeCy_6''''$-Gemische färben sich mit Fe''' je nach Konzentration und Mischungsverhältnis rot oder blau. Die $\frac{\text{blaue}}{\text{rote}}$ Farbe schwindet bei $\frac{\text{KCN}}{\text{NaF}}$ Zusatz, um der $\frac{\text{roten}}{\text{blauen}}$ Platz zu machen.

$FeCl_3$ gibt auch mit manchen organischen Stoffen intensive Färbungen (z. B. Salizylsäure: violett). Bei Gegenwart störender Sz. (OH′, CN′, F′, Oxalat, Tartrat, Azetat, Zitrat, PO_4, AsO_4, Hg¨ und Ag˙) treten manche der Färbungen erst auf mit stark salzsaurer $FeCl_3$-Lösung.

b) mit Ferrosalz:

blau (ev. Fällung): $FeCy_6'''$. Bei Gegenwart „störender Sz." erst nach HCl-Zusatz.

3. a) Kochen mit Fe¨ + Fe˙˙˙ + OH′ und ansäuern mit HCl: blau: einfache Cyanide [inkl. $Hg(CN)_2$] [1]) und komplexe FeCN-Vbdgg. (auch Nitroprussiate), nicht $CoCy_6'''$, CNS′ und CNO′. Bei geringen Mengen und Fe˙˙˙-Überschuß oft nur Grünfärbung und erst nach Filtrieren auf dem Papier als Blau erkennbar [2]). — Dieselbe R. nach Schmelzen der Sz. mit Mg und Soda, Ausziehen mit H_2O und Zugabe von $FeCl_3$ und HCl erfaßt auch CN in $CoCy_6'''$.

b) Kochen bzw. Eindampfen mit einigen Tropfen Polysulfid, Ansäuern, Zusatz weniger Tropfen von dil. $FeCl_3$-Lösung: Rotfärbung: einfache Cyanide [inkl. $Hg(CN)_2$] und Rhodanide. Der beim Ansäuern entstehende H_2S stört, weil er Fe˙˙˙ reduzieren kann zu Fe¨. Darum $FeCl_3$-Zusatz erst n a c h Ansäuern und schwachem Erwärmen; sparsamer Sulfidzusatz! — Dieselbe R. nach Schmelzen [3]) mit Soda und Schwefel (oder Thiosulfat): Rotfärbung: CN in jeder Bindungsart (außer CNO).

4. Kochen mit KCN + KOH [Kochen, stark ansäuern mit HCl unter Zusatz von $FeCl_3$ [4])]: Rotfärbung; Polysulfid, Sulfostibiat, Thiosulfat, höhere Thionate, Hydrosulfit, Schwefel. — Glühen mit KCN und Rotfärbung des H_2O-

[1]) Die gegenteilige Angabe mancher verbreiteter Lehrbücher ist unrichtig.

[2]) Wenn auch da noch undeutlich: mehrfaches Übergießen des Filters mit heißer konz. K-Oxalatlösung und Ansäuern des gelblichen Filtrats und Zusatz weniger gtt. dil. $FeCl_3$-Lösung: blaue Flocken oder deutlich blaue Lösung.

[3]) Am bequemsten läßt sich die Schmelze ausführen mit einer am Pt-Drahte geschmolzenen und bis zu beginnendem Brennen erhitzten „Perle" von Thiosulfat. (Fres.) Die R. ist in dieser Form der sicherste aller CN-Nachweise.

[4]) Setzt man erst $FeCl_3$ zu und dann S′n, so entsteht Berlinerblau.

Extrakts der Schmelze mit HCl und $FeCl_3$ auch bei einfachen, sehr unlöslichen Sulfiden.

5. Mit Alkohol und 1 gtt. $Co^{\cdot\cdot}$-Lösung Blaufärbung: CNS', CNO' (entfärbt durch viel H_2O u. durch Oxalat).

6. Violettfärbung mit $(NH_4)_2S$: Nitroprussiate. Nach dem Glühen, und nach dem Kochen mit Lauge-Überschuß geben sie ohne weiteren Zusatz beim Ansäuern Berlinerblau.

7. Färbungen mit Nitroprussid-Na. Violettfärbung mit einem winzigen Korn davon: lösliches Sulfid (nachweisbar neben allen anderen S-haltigen). Dieselbe R. evtl. nach reduzierender Vorbehandlung anderer S-Verbindg. mit Al + OH'. Mit konz. $ZnSO_4$-Lösung und wenig Nitroprussiat und K_4FeCy_6 in neutraler oder schwach saurer Lösung: himbeerfarbiger N. oder Färbung: Sulfit neben allen S-haltigen; auch neben Sulfid, wenn erst $Zn^{\cdot\cdot}$, dann $FeCy_6''''$ und dann Nitroprussiat zugefügt wird (Boedeker-R. — Die durch OH' oder stärkere Säure gestörte R. erscheint wieder bei vorsichtiger Neutralisation). — Kirschrotfärbung bei Kochen mit KOH und Nitroprussiat: NH_2OH. — Grün- bis Blaufärbung bei gelindem Erwärmen mit wenigstens 24 Std. alter Nitroprussiat-Lösung: Thiosulfat. Auch neben Thionaten. Neben S'' und SO_3'' nur nach Ausfällung derselben erst mit $Zn^{\cdot\cdot}$, dann mit $Sr^{\cdot\cdot}$ im Filtrat. (Nachweis von Thio. und SO_3' nebeneinander mit $Sr^{\cdot\cdot}$.)

8. Farb-R'en mit konz. H_2SO_4: a) Ring-R. auf NO_3' [1]): Eine winzige Spur Sz. mit 2 ccm konz. H_2SO_4 übergossen etwas abgekühlt und mit kalt gesättigter $FeSO_4$-Lösung überschichtet: violetter (mit größerer Menge ausgeführt brauner) Ring. Die R. wird gestört, wenn allein schon mit konz. H_2SO_4 Färbungen, Fällungen oder starke Gasentwicklungen auftreten, oder wenn stark oxydierende oder redu-

---

[1]) Alle NO_3'-Nachweise — ausgenommen der mit Brucin — erfordern vorherige Entfernung von NO_2' (Kochen mit E. S., NH_4-Sulfat, Harnstoff + dil. H_2SO_4, Hydrazinsulfat od. Methylalkohol + dil. H_2SO_4 (Anorg. 78, 134). Alle diese R'en verlaufen nur in saurer Lösg. [NH_4-Salz wird beim Kochen durch Hydrolyse sauer. NH_4-Salz + NH_3 reagiert nicht.] Daher zersetzt sich spurenweise HNO_2 immer auch zu HNO_3 statt zu N_2 infolge: $3\,HNO_2 \rightarrow HNO_3 + 2\,NO + H_2O$.

zierende Sz. (z. B. viel Chlorid) zugegen ist [1]). Unter Umständen gelingt es, die störenden Stoffe durch Fällung zu beseitigen, z. B. Kationen mit Soda, Anionen mit Pb-Azetat (Überschuß durch H_2S, H_2S-Überschuß durch Kochen beseitigt), oder nacheinander folgende Fällung mit $Pb^{\cdot\cdot}$ und mit Soda.

b) Rotfärbung mit Brucin in konz. H_2SO_4 gelöst: NO_3' (auch neben NO_2').

c) Blaufärbung mit Diphenylamin-H_2SO_4-Lösung: Oxydationsmittel aller Art, z. B. NO_3'.

d) Farbringbildung beim Unterschichten mit Lösg. von Resorzin in konz. H_2SO_4-: blau (Oxalat) [2]), tiefrot (Tartrat), orange (Formiat). Auch zum Nachweis der drei nebeneinander [3]). Die Ringe sollen untereinander entstehen.

e) Mit Überschuß konz., mit $MnSO_4$ gesättigter H_2SO_4 Kirschrotfärbung: Bromat.

f) mit etwas konz. H_2SO_4 oder mit einem $KHSO_4$-CaF_2-Gemisch am Pt-Draht in die Flamme gebrachte Sz. färbt diese grün [4]): Borat. Weiter nachweisbar als Borsäure-Ester.

9. Spezielle Farb-Reaktionen:

Der mit HCl angesäuerte Soda-Auszug färbt Kurkumapapier — ev. erst nach dem Trocknen — braun: Borsäure. (Durch NH_3: Übergang in Blauschwarz.) [5]). — Mit Borhaltiger Lösg. getränktes Kurkuma-Papier, in den Hals einer Flasche mit konz. HCl gehalten, wird violett, darauf mit NH_3 betupft blau. (Sehr empfindlich.) [6]).

Die mit einer Spur Chlorwasser versetzte Lösung färbt Fuchsin-SO_2 rot: Bromide. Setzt man zu einer bis zur Farblosigkeit verdünnten salzsauren Fuchsinlösung etwas Sz.

---

1) Anstatt dessen prüft man dann mit Brucin oder durch Erwärmen mit Zn oder Al+OH: NH_3Bildg. zeigt NO_3' an, vorausgesetzt daß andere N-haltige Sz'n fehlen od. ausgeschaltet wurden (NH_4, N_2H_4 u. NH_2OH durch Kochen mit KOH; CN' u. CNS' durch Ausfällg. mit $CuSO_4$.

2) Mit $K_2Cr_2O_7$ und dil. H_2SO_4 geben Oxalate Violettfärbung.

3) C. 03, 2, 1025 und Ph. Ztg. 03, 834.

4) Um Störung durch färbende Kationen (Na, Ba, Cu) auszuschalten, vorherige Fällung als Mg-Borat (ev. Soda-Auszug + $MgSO_4$).

5) Mo-S. mit Kurkuma ebenfalls braun, mit NH_3 aber nicht blau.

6) n. v. B. d. V.

und ganz wenig Chlorwasser, so zeigt Blauviolettfärbung Bromid an. (Bromate färben ähnlich bereits ohne Cl- Wasser-Zusatz. Jodgehalt stört durch Auftreten einer gelben Farbe.) (Casarez-Gil.)

Gelb- bis Orangefärbung mit saurer Titansulfatlösung: H_2O_2 und Peroxyde. (Blaufärbung mit K_2CrO_4 und H_2SO_4 durch Peroxyde).

Dunkelrotfärbung mit essig-salzsaurer Lösung von KCNS, durch Kochen zerstört: Nitrit.

Gelbfärbung bei Übergießen trockener Sz. mit konz. $Pb(NO_3)_2$-Lösung: Nitrit.

Blaufärbung mit Jodlösung: Stärke.

Färbungen mit Molybdat und Amylalkohol

Ammonmolybdat ist ein Reagens nicht nur für PO_4''', wofür es gewöhnlich verwandt wird, sondern für alle P-, Si-, As- und $=O_2$ -[1]) enthaltenden Stoffe. Dabei entstehen gelbe Komplex-Vbdgg., unterscheidbar nach den äußeren Bedingungen ihrer Entstehung und Verhalten gegen Amylalkohol. Den NH_4-P-Molybdat-N. (der aber ohne Zusatz von NH_4-Salz gefällt sein muß) löst er zu einer goldgelben Flüssigkeit. HNO_3 kann dabei ersetzt werden[2]) durch H_2SO_4, E. S. auch wohl HCl. Die Flüssigkeit braucht durchaus nicht stark sauer zu sein (z. B. 2 ccm Mo-Reagens + 1 Tropfen PO_4-Lösung + 1 Tropfen HCl 20 %). Schütteln mit Amylalkohol macht auch das Erhitzen entbehrlich. — Das Silikatgelb entsteht[3]) schon in kalter, stärker in heißer, ganz schwach saurer Lösung (4 gtt. E. S.

[1]) Echte Peroxyde.

[2]) Wichtig, wenn verhütet werden soll, daß sich reaktionsunfähige niedere Oxyd-Stufen — z. B. As_2O_3 — zu reagierenden höheren oxydieren.

[3]) In säureunlöslichen Stoffen prüft man auf Si, indem man eine damit hergestellte Boraxperle mit ganz wenig E. S. und 1—2 ccm Molybdat erwärmt. Eine das Gelb verdeckende Grünfärbg. schwindet bei HNO_3-Zusatz. (Schneller Si-Nachweis in Ferrosilicium u. SiC.) Von den Fluorsilikaten des Handels reagieren manche mit Mo-E. S. direkt, manche erst nach Schmelzen mit Soda. Erstere sind viel stärker sauer geg. Lakmus.

30 %ig zu 2—3 ccm), löst sich dann in Amylalkohol nicht (wohl aber bei nachträglichem Zusatz von HNO_3 [1]). Das „Arsen-Gelb" entsteht, ohne sich in Amylalkohol zu lösen, erst bei höherer E. S.-Konzentration. Ebenso das PO_4-Gelb, das aber bei der geringsten, seine Entstehung ermöglichenden Azidität sich schon in Amylalkohol löst [2]). Das auch ohne Säurezusatz entstehende Peroxyd-Gelb wird niemals von Amylalkohol aufgenommen und verschwindet beim Erhitzen, um beim Erkalten wiederzukehren. —

Es empfiehlt sich für die PO_4-Mo-Farb-R. ungefähr folgende Konzentration: 2 ccm Mo-Lösung (3 %), 5 ccm E. S. (30 %ig), ½—1 ccm Amyl-Alkohol und tropfenweis zugesetzte Analysen-Lösung. Unter diesen Umständen färbt sich bei PO_4-Gegenwart die Amylalkohol-Schicht gelb (SiO_3'' und AsO_4''', deren Anwesenheit seltsamerweise die Löslichkeit des PO_4-Gelbes in Amyl-Alkohol bei noch stärker saurer Lösung stark hindert, stören bei der angegebenen E. S.-Konzentration nicht). Beim Erhitzen wird der Amyl-Alkohol farblos, bei Erkalten und Schütteln wieder gelb.

Der Nachweis der diff. P-haltigen Anionen nebeneinander läßt sich in As-, Si- und = O_2-freier Lösung durchführen mit Molybdat, H_2SO_4 und Amylalkohol, wenn man nacheinander in der Kälte prüft, und jedesmal erschöpfend (d. h. bis der Amylalkohol farblos bleibt) ausschüttelt: die ursprüngliche Lösung (Gelbfärbung: PO_4); die durch Ausschütteln mit Amylalkohol PO_4-freie und mit $KMnO_4$

---

[1]) Die Mo-R. in dieser Form mit lösl. Silikat leicht auszuführen. ist so empfindlich, daß sie SiO_2-Nachweis gestattet in wenigen Tropfen lange im Glas aufbewahrter Alkalilauge oder den löslichen Kieselgehalt minderer Glassorten. Leerversuch daher unbedingt nötig. Gefäße aus Kaliglas oder Metall nützlich. Bisweilen gelingt die Ausführung mit einer Abkochung der Sz. mit frisch bereiteter, äußerst konz. K_2CO_3-Lösung (Nachweis sogar im schwer aufschließbaren Granat, leichter in Feldspat, am leichtesten in Ton).

[2]) Mit kaltem (!) Mo-E. S.-Amylalk.-Reagens sind noch 0,025 Mgr. P_2O_5 gut erkennbar. Auch Spuren PO_4 in Phosphiten. — Hohe Konzentration an HNO_3, wie sie gewöhnlich für den PO_4-Nachweis mit Mo empfohlen wird, oder von H_2SO_4, hindert das Eintreten der As-Mo-R. sehr merklich.

oxydierte [1]) Lösung (Gelbfärbung H_2PO_2'); die nunmehr PO_4''' und H_2PO_2'-freie Lösung nach Oxydation mit Br-Wasser [1]) (Gelbfärbung HPO_3'') und schließlich die jetzt von PO_4, HPO_3'' und H_2PO_2' befreite Lösung nach längerem Erwärmen mit HNO_3 (Gelbfärbung Pyro- oder Metaphosphat [2]). Der Amylalkohol wird jeweils abgetrennt, indem man durch ein nasses Filter filtriert.

Organische Substanzen

Die Erkennung organischer Substanzen gehört eigentlich nicht in den Rahmen der anorganischen Analyse. Ihr allgemeiner Nachweis besteht in dem ihrer Verbrennungsprodukte CO_2 und H_2O [3]), wie man sie erhält beim Erhitzen ohne oder mit Zusatz von Oxydationsmitteln [konz. H_2SO_4 [4]): CuO; KNO_3; $K_2Cr_2O_7$; $KClO_3$ u. a.], die zugleich ihre oft für den Analysengang nötige Zerstörung bewirken. Bei unvollständiger Verbrennung durch langsames Erhitzen ferner im Geruch [5]), der Brennbarkeit der entweichenden Gase (CO), der Schwärzung [6]) durch gebildete Kohle und der Bildung brauner ölig-teeriger Destillationsprodukte. Bei N-, S- und halogenhaltigen Substanzen auch im Nachweis des beim Glühen mit Na-Me. sich bildenden Cyanides (durch Blaubildung), Sulfides und Halogenides des Natriums.

Merkmale einzelner Gruppen:

a) Schwächere oder stärkere reduzierende Wirkung, z. B. gegen $KMnO_4$ + Soda. Schon in der Kälte bei Zitronen-S., Zimt-S.

---

[1]) Zusatz kalt, bis eben bleibende Färbung die vollendete Oxydation anzeigt. $KMnO_4$ und Brom-Überschuß entfärbt durch einige Tropfen Alkohol bzw. Sulfit.

[2]) Vorbehandlungen der Sz. jeder Art, besonders in saurer Lösung, dürfen wegen Gefahr des Überganges $P_2O_7 \rightarrow PO_4$ nur in der Kälte erfolgen. So darf auch höchstens ganz kurz mit Soda gekocht werden. — Aus Sulfiden mit S. entstehendes H_2S stört die Mo-R. erheblich. Trotzdem darf man H_2S nicht durch Auskochen entfernen, muß vielmehr Luft durchleiten oder S'' und PO_4'' irgendwie in Vbdgg. überführen, die durch Lösungsmittel trennbar sind.

[3]) CO_2 erkannt durch Barytwasser; H_2O am Tröpfchenbeschlag an den kalten Teilen des Apparates. Bedingung ist Abwesenheit von anorganischem C und ursprünglich vorhandenem Wasser (als Feuchtigkeit oder Kristallwasser].

[4]) Oft — aber nicht immer — tritt dabei Gelb- bis Braunschwarzfärbung auf (von nachstehend erwähnten nur bei Tartrat).

[5]) Nach verbranntem Papier, Karamel; bei N-haltigen Sz'en nach verbrannten Haaren, Milch oder Knochen (Eiweiß, Leim).

[6]) Schwärzung allein beweist nichts, da sie herrühren kann von schwarzen Oxyden, die beim Glühen entstehen.

und allen Stoffen „ungesättigten" Charakters (d. h. mit Doppelbindungen, vgl. Sammlg. Göschen Bd. 38). Auch Bromwasser wird durch diese entfärbt. Beim Kochen mit $KMnO_4$ und S. werden auch gesättigte Vbdgn. wie Alkohole, Oxal-S. und viele andere unter Entfärbung oxydiert. Aus ammoniakalischer Ag-Lösung fällen Traubenzucker u. a. die Aldehydgruppe enthaltende Stoffe metallisches Silber.

b) Die Fähigkeit stark hydroxylhaltiger organischer Sz., mit anorganischen Basen bei Gegenwart von Alkali-Überschuß lösliche Anionen-Komplexe zu geben, die gegen Alkali beständig sind: Weinsäure, Zucker, Glycerin u. a. z. B. mit Kupfer (tief dunkelblaue Farbe! Fehlingsche Lösungen.)

c) Die Neigung, stark gefärbte lösliche Vbdgn. zu geben, z. B. mit $FeCl_3$ solche von roter, violetter, blauer, grüner, schwarzer Farbe (Phenole: Gerb-S.); auch Färbungen mit konz. H_2SO_4 allein oder unter Zusatz aller möglicher, meist oxydierender Reagenzien, z. B. $K_2Cr_2O_7$ (Alkaloide).

d) Viel mannigfaltiger als bei anorganischen Vbdgn. ist Geschmack und Geruch: z. B. aromatischer, bitterer Geschmack; kohlenwasserstoff-, lauch- oder senfartiger, ätherischer Geruch usw.

Niedriger Schmelzpunkt kann bisweilen auf organische Sz. aufmerksam machen. — Daneben gibt es natürlich eine Unzahl Sonder-R'en für einzelne Vbdgn. oder Gruppen, die aufzuzählen hier nicht der Platz ist [1]). Darunter befinden sich N.-R'en naturgemäß besonders bei organischen Basen und S'en und von diesen letzteren pflegt man altem Brauch gemäß A z e t a t , T a r t r a t , O x a l a t und eventuell noch F o r m i a t bei der anorganischen Analyse zu berücksichtigen, wie es auch in diesem Buche geschehen ist.

Anwesenheit organischer Substanz braucht nicht unter allen Umständen dem Gang der Analyse hinderlich zu sein. In vielen Fällen jedoch ist ihre Entfernung nötig oder wünschenswert aus den an anderer Stelle angegebenen Gründen, und weil auch wohl die Filtration der N'e durch schleimige (kolloidale) Beschaffenheit der Lösung erschwert werden kann. Es ist bisweilen möglich, die organische Substanz von den anorganischen Salzen durch Extraktion mit Äther, Benzol u. dgl. zu trennen. Von den hierin un-

---

[1]) Vorzüglich gesammelt in „Merck's Reagenzien-Verzeichnis".

löslichen organischen Vbdgn. sind wichtig Glycerin und die Zuckerarten, für die ein mit Wasser nicht mischbares, die gewöhnlichen anorganischen Salze nicht lösendes Solvens fehlt. Bei gemischt organisch-anorganischen Vbdgn., z. B. Salzen aus anorganischer Base und organischer S., kann eine Trennung bewirkt werden dadurch, daß man durch Zusatz von H_2SO_4 die organische S. in Freiheit setzt, im Scheidetrichter ausäthert, die abgehobene Ätherlösung durch Waschen mit Wasser von H_2SO_4 befreit und auf dem Wasserbade eindampft. Ganz analog ist das Verfahren für Salze organischer Basen mit Mineral-S. Viel häufiger pflegt man die organische Substanz durch Oxydation zu zerstören. Dies geschieht im einfachsten Falle durch bloßes Glühen, nämlich dann, wenn ohne viel Kohleabscheidung die Sz. sich unter Entstehen gasiger Produkte leicht zersetzt (Oxalat). Anders, wenn viele kohlige Produkte auftreten und wenn durch Einbettung in viel anorganische Salze die oxydierende Wirkung des Luftsauerstoffes und Verbrennung der Kohle erheblich gehindert ist, besonders auch, wenn die ganze Masse schmilzt. Man müßte dann die Temperatur erheblich und lange steigern. Dabei können unliebsame Änderungen an den anorganischen Bestandteilen eintreten (Reduktion durch die Kohle und nachfolgende Verflüchtigung, z. B. bei Phosphaten; andere Stoffe können in unlöslichen Zustand übergehen, wie Oxyde von Fe und Al usw.). Dem wird vorgebeugt durch Zusatz von Oxydationsmitteln und Zersetzung auf nassem oder trockenem Wege.

Man kommt wohl auch zum Ziel, wenn man die org. Sz. durch mäßiges Glühen verkohlt, und daraus die anorganische Sz. mit den üblichen Solventien extrahiert.

Nachweis von Nichtmetallen unabhängig von der Form ihres Vorkommens

Kohlenstoff: Beim Glühen mit Alkalichlorat, -nitrat und -borat[1]) entsteht ein Rückstand der mit dil. HCl unter Aufbrausen $Ca(OH)_2$-Lösung trübendes CO_2 entwickelt.

Halogen: Der H_2O-Extrakt einer alkalischen Oxydations-Schmelze (Zerstörung der CN-Verbdgn.) gibt ein in HNO_3 unlösl. Ag-Salz (nicht für Fluor geltend).

[1]) „Oxydierende Boraxperle." Chlorat als bestes Oxydans; Nitrat die CO_2 bindende Base liefernd; Borax als Verdünnungsmittel. Als Perl-R. z. B. mit SiC gut ausführbar.

Schwefel: Der H_2O-Extrakt einer alkalischen Oxydations-Schmelze gibt mit Ba¨ und HCl weißen N. (auch durch die Hepar-R.).

Phosphor: Einige Tropfen des H_2O-Extraktes der oxydierenden Sodaschmelze zu 2 ccm NH_4NO_3-haltiger Mo-Lösung gegeben, erhitzt und mit einigen Tropfen HNO_3 angesäuert: gelber N. [mit Amylalkohol (ohne Zusatz von NH_4NO_3) gelbe Lösung; As ist vorher auszuscheiden. Auch durch Glühen mit Mg: PH_3.

Stickstoff: Glühen der Sz. mit Natronkalk und Kohle, NH_3-Entwicklung.

Cyan: Eine Sodaperle, mit Mg oder Zn und etwas Sz. erhitzt, gibt die Blau-R. (Zn versagt für $CoCy_6'''$). — Eine Perle von bis zu beginnendem Brennen erhitztem Thiosulfat (am Pt-Draht), mit etwas Sz. erhitzt, gibt die Rhodan-R. CN der Cyanate wird dabei nicht erfaßt.

Silizium: Eine mit etwas Sz. erhitzte oxydierende Perle (S. 156) in wenig Essigsäure gelöst, färbt Molybdatlösung (besonders in der Hitze) gelb. Amylalkhohol nimmt das Gelb erst auf bei HNO_3-Zusatz.

Bor: Um auch Boride und elementares Bor zu erfassen, müssen die R'en für Bor mit alkalischer Oxydationsschmelze der Sz. vorgenommen werden.

Fluor: Durch die Ätzprobe (am besten im Kropfglase). Der Kropf des vorher sorgfältig getrockneten Glases wird mit 1—2 Tropfen H_2O gefüllt, die durch Schwenken an der Wand verteilt werden. Es entsteht ein weit ausgebreiteter dünner, weißer Belag.

Beispiel systematischer Prüfung auf Anionen

Befund: 1. Bildung eines blaubrennenden Gases bei Erhitzen a) ohne, b) mit Zusatz von konz. H_2SO_4, c) ohne Schwärzung.

2. Entwicklung eines a) farblosen, b) „nach Schwefel", (SO_2) riechenden Gases bei Erwärmen mit dil. HCl. c) Dabei entsteht eine klare Lösung.

3. Entfärbung von $KMnO_4 + H_2SO_4$ und von Jod + HCl, auch im Sodaauszug.

4. Bei Erwärmen mit Al + KOH entsteht kein NH_3-Geruch, das alkalische Filtrat färbt Nitroprussidnatrium nicht.

5. Der heiß, in möglichst neutraler Lösung erzeugte abfiltrierte Ba-N. ist a) farblos, b) mit Säuren braust er auf (SO_2-Geruch) und gibt dabei c) mit HCl leicht eine klare, d) mit E. S. keine klare Lösung. e) Das Filtrat der Ba-Fällung bleibt beim Kochen mit HCl und mit $Hg(CN)_2$ klar.

6. Die Sz. gibt, auch nach vorherigem kräftigem Erhitzen, mit $AgNO_3$ einen a) farblosen, b) in HNO_3 und in NH_3 leicht löslichen N., c) der sich beim Erhitzen dunkel färbt.

7. Mit Molybdat-HNO_3 keine R.

Deutung: 1 a läßt rechnen mit der Gruppe (Oxalat, Formiat), 1 b mit (Oxalat, Formiat, CN-Vbdgg.)[1]; nach 1 c ausgeschlossen Tartrat u. ä. org. Sz. — 2 a u. b läßt rechnen mit (SO_3'', S_2O_3''), ev. zugleich auch mit CO_3'', CNO'; nach 2 c ist ausgeschlossen S_2O_3''. 3 läßt rechnen mit (SO_3'', S_2O_3[2]), S''), die Jod und $KMnO_4$ in saurer Lösung entfärben, ev. auch mit den in saurer Lösung zwar $KMnO_4$, nicht aber Jod entfärbenden (Oxalat, CN-haltige, Br', J', NO_2', H_2PO_2', AsO_2', H_2O_2). Nach 4 ausgeschlossen N-haltige, S_2O_3'' und Thionate, nach 5 a CrO_4'', nach 5 b zu rechnen mit (CO_3'', CNO', SO_3'', S_2O_3''), ev. auch mit denen, deren Ba-Salze mit S. nicht aufbrausen; nach c ausgeschlossen SO_4'', S_2O_8'', S_2O_3'', SiF_6''; nach d zu rechnen mit (F', C_2O_4'', SO_3'', P_2O_7), nicht ausgeschlossen sind auch die in E. S. l. Ba-Salze; nach e ausgeschlossen Polythionate. 6 a u. b schließt aus Halogen, CN- und As-haltige,

[1]) So zu verstehen, daß mindestens eins der in der Klammer genannten Anionen sicher vorhanden sein muß.

[2]) Die nach der R. in Betracht kommenden sind absichtlich wieder aufgeführt, wenn sie auch nach einem vorhergehenden Befund als ausgeschlossen genannt worden sind.

S'', CrO_4'', PO_4'''; 6 c läßt rechnen mit BO_2', CO_3'', S_2O_3'', Polythionat, ev. auch mit den Ag-abscheidenden (HPO_3'', H_2PO_2', SO_3'', Formiat). 7. schließt aus P- und As-haltige Peroxyde und Silikate.

Als Schlußresultat ergibt sich, daß von allen Anionen nur in Betracht kommen SO_3'', CO_3'', C_2O_4'', Formiat, Cyanat, F' und BO_2'. Von diesen werden durch weitere Versuche ausgeschlossen: Fluorid, denn das Filtrat der Ag-Fällung bleibt klar mit Ca-Salz und die Ätzprobe versagt; Formiat, denn das Filtrat der Ba-Fällung hat keine reduzierenden Eigenschaften mehr; Cyanat, denn das Filtrat der kalten Ba-Fällung bleibt klar beim Erhitzen. Dagegen gibt Resorzin-H_2SO_4 Blaufärbung (: Oxalat); $ZnSO_4$-K_4FeCy_6-Nitroprussiat Rotfärbung (: Sulfit). Schließlich trübt das mit S. unter Aufbrausen entweichende Gas Barytwasser, auch wenn es durch $KMnO_4$-Lösung geleitet ist (: Carbonat) und es treten die Farbreaktionen ein, die für Borat kennzeichnend sind. Die Sz. enthält Sulfit, Oxalat, Carbonat, Borat.

Nachprüfungen (Zusammenstellung der Analysen-Ergebnisse)

Auf die Frage, zu welchen Vbdgg. die gefundenen Ionen in einem Gemenge vereint sind, kann häufig durch Nachprüfungen Aufschluß gegeben werden [1]). In einer gelben Sz. seien z. B. nachgewiesen worden die Kationen Ca, Mg, Zn und Cd; von Anionen S'', CO_3'', C_2O_4''. Zu rechnen ist natürlich auch mit Oxyd, während Superoxyde ausgeschlossen werden dadurch, daß HCl mit der Sz. kein Cl entwickelt. Man extrahiert je eine Probe mit E. S., und mit NH_3 (oder NaOH). Die essigsaure Lösung enthalte Zn und Mg, aber kein Ca oder Cd. Die NH_3-Lösung enthalte nur Zn, aber kein Cd, Ca, Mg und kein CO_3''. Die Ursubstanz

[1]) Es kann freilich nicht unterschieden werden, ob z. B. $BaSO_4$ und KCl vorliegt oder eine genaue äquivalente Mischung von $BaCl_2$ K_2SO_4, die sich erst bei H_2O-Zutritt umsetzen. Für die Praxis haben solche Probleme aber kaum irgendwelche Bedeutung. Sind dagegen die Mengen nicht genau äquivalent, so wird man neben $BaSO_4$ und KCl feststellen entweder $BaCl_2$ oder K_2SO_4, d. i. zwei verschiedene Analysenresultate.

muß dann enthalten Zn als Oxyd, Mg als Carbonat, Ca als Oxalat, Cd als Sulfid. — Beispiel 2: In einer roten Substanz wurden gefunden: Sb, Pb, Hg, S''. Sie ist löslich in konz. HCl (1); unter Freiwerden von Chlor (2), die Abkochung mit Soda läßt beim Ansäuern keinen roten N. fallen (3), an Natronlauge gibt sie wenig Pb ab (4), der Extrakt mit HNO_3 enthält kein Hg (5) der mit E. S. enthält Sb (6). Hieraus kann man schließen: Sb muß an Sauerstoff gebunden sein und nicht an Schwefel wegen 3, und zwar als Sb_2O_3 wegen 6; Pb muß, da sein Sulfid und Dioxyd schwarz ist, gebunden sein als Pb_3O_4, denn PbO kann wegen 4 kaum vorhanden sein. Hg kann wegen 5 nicht als Oxyd vorliegen, sondern augenscheinlich als Zinnober, der das aus Pb_3O_4 + HCl gebildete Chlor zum Teil (2) zur Lösung verbraucht hat. Die Substanz besteht also aus Sb_2O_3 + Pb_3O_4 + HgS. Da sie an organische Lösungsmittel wie Benzol nichts abgibt, so kann auch freier Schwefel nicht vorhanden sein.

Nicht immer sind die Einzelbestandteile eines Gemenges mit so einfachen Mitteln feststellbar. Wenn lauter Salze ziemlich gleicher Löslichkeit vorliegen, die sich durch kein Solvens in einen l. und einen unl. Anteil trennen lassen, besonders auch dadurch, daß unkontrollierbare Umsetzungen zwischen den Bestandteilen bei Gegenwart des Lösungsmittels vor sich gehen, kann die Beantwortung der gestellten Frage unmöglich gemacht werden. Immerhin ist es stets nützlich, am Schluß der Arbeit aus den gefundenen Ionenbestandteilen durch Kombinierung sich die Substanz zusammengesetzt zu denken, zu vergleichen mit den üblichen Handelsprodukten (Natur- und Kunstprodukten), deren Kenntnis daher nützlich ist [1]) und zu kontrollieren, ob das beobachtete Verhalten der Sz. mit dem Befunde ganz erklärt wird, ob nicht Eigenschaften (Reaktionen), die auftreten sollten, fehlen, und nicht solche aufgetreten sind, die nicht aus dem Befund zu erklären sind.

[1]) Die Wahrscheinlichkeit, daß ein Gemenge aus Kupferborat, Antimonsulfat, Mg-Tartrat u. Chlorkalium bestehen könnte ist sehr klein gegenüber der, daß Kupfervitriol + Brechweinstein + Borazit vorliegt.

Register

(Salze sind nachfolgend aufgeführt unter den Anfangsbuchstaben der Metalle.)

Der Stoff der Anionenprüfung ist in diesem Buche nicht, wie meist üblich, nach den nachzuweisenden Ionen geordnet, sondern nach den anzuwendenden Reagenzien. Das folgende Spezial-Register soll dem an die andere Weise gewöhnten dazu dienen, die Anionen-Analyse in der gewohnten Art auch mit diesem Buch durchzuführen.

Trennungen und getrennte Nachweise von Anionen

SAMMLUNG GÖSCHEN

Lieferbare und neue Bände

Jeder Band DM 2.40

A. Geisteswissenschaften

Nr. 19 **Altheim, F., Römische Geschichte.** I. Teil: Bis zur Schlacht bei Pydna. 1948. 123 S.

Nr. 30 **Kleffner, W., Kartenkunde.** 3. Aufl. 1950. 152 S

Nr. 42 **Behn, F., Vorgeschichte Europas.** 7. Aufl. Mit 47 Abb. 1949. 125 S.

Nr. 59 **Krahe, H., Indogermanische Sprachwissenschaft.** 2. Aufl. 1948. 134 S.

Nr. 66 **Berneker, E., u. M. Vasmer, Russische Grammatik.** 6., unveränderte Aufl. 1947. 155 S.

Nr. 70 **Nestle, W., Geschichte der griechischen Literatur.** I. Von den Anfängen bis auf Alexander d. Gr. 2., verb. Aufl. Neudruck. 1950. 144 S.

Nr. 101 **Wiese, L. v., Soziologie.** Geschichte und Hauptprobleme. 4. Aufl. 1950. 148 S.

Nr. 125 **Vossler, K., Italienische Literaturgeschichte.** Unveränderter Nachdruck der 1927 erschienenen 4., durchges. und verbesserten Aufl. 1948. 148 S.

Nr. 200 **Gottschald, M., Rechtschreibungswörterbuch.** In Vorbereitung.

Nr. 238 **Krahe, H., Germanische Sprachwissenschaft.** Bd. I. 2. Aufl. 1948. 127 S.

Nr. 270 **Kirn, P., Einführung in die Geschichtswissenschaft.** 1947. 132 S.

Nr. 279 **Jacob, K., Quellenkunde der deutschen Geschichte im Mittelalter (bis zur Mitte des 15. Jahrh.).** I: Einleitung. Allgemeiner Teil. Die Zeit der Karolinger. 5. Aufl. 1949. 118 S.

Nr. 280 **— —,** II: Die Kaiserzeit (918—1250). 4. Aufl. 1949. 127 S.

Nr. 500 **Simmel, G., Hauptprobleme der Philosophie.** 7., unveränderte Aufl. 1950. In Vorbereitung.

Nr. 557 **Nestle, W., Geschichte der griechischen Literatur.** II. Von Alexander d. Gr. bis zum Ausgang der Antike. 2. verbesserte Aufl. 1945. 128 S.

Nr. 564 **Behn, F., Kultur der Urzeit.** Bd. I. Steinzeit. 3. Aufl. In Vorbereitung.

Nr. 565 — —, Bd. II. Bronzezeit. 4. Aufl. In Vorbereitung.

Nr. 566 — —. Bd. III. Eisenzeit. 4. Aufl. In Vorbereitung.

Nr. 573 **Helbok, A., Die Ortsnamen im Deutschen.** Durchgesehener Neudruck. Mit 6 Karten. 1944. 126 S.

Nr. 677 **Altheim, F., Römische Geschichte.** II. Teil: Bis zur Begründung des Prinzipats. 1948. 141 S.

Nr. 770 **Beckh, H., Buddhismus** (Buddha und seine Lehre). II. Die Lehre. 3. Aufl. 1928. 135 S.

Nr. 780 **Krahe, H., Germanische Sprachwissenschaft.** Bd. II. 2. Aufl. 1948. 140 S.

Nr. 781 **Weigert, H., Stilkunde.** II. Spätmittelalter. Neuzeit. Neudruck. Mit 84 Abb. 1944. 141 S.

Nr. 807 **Kropp, G., Erkenntnistheorie.** I. Allgemeine Grundlegung. 1950. 143 S.

Nr. 929 **Schirmer, A., Deutsche Wortkunde.** 3. Aufl. 1949. 109 S.

Nr. 1000 **Jaspers, K., Die geistige Situation der Zeit** (1931). Zweiter unveränderter Abdruck der im Sommer 1932 bearbeiteten 5. Aufl. 1949. 232 S.

Nr. 1008 **Mellerowicz, K., Allgemeine Betriebswirtschaftslehre.** 1. Bd. 6., unveränderte Aufl. 1948. 134 S.

Nr. 1031 **Apel, M., Philosophisches Wörterbuch.** 3. Aufl. In Vorbereitung.

Nr. 1034 **Kranefeldt, W. M., Therapeutische Psychologie.** Analytische Psychologie (Freud, Adler, Jung). 2. Aufl. 1950. In Vorbereitung.

Nr. 1045 **Schubert, H., Die Technik des Klavierspiels.** 2. Aufl. 1946. 132 S.

Nr. 1065 **Haller, J., Von den Karolingern zu den Staufern.** Die altdeutsche Kaiserzeit (900—1250). Mit 4 Karten. 3. Aufl. 1944. 141 S.

Nr. 1085 **Lietzmann, H., Zeitrechnung der römischen Kaiserzeit, des Mittelalters und der Neuzeit für die Jahre 1—2000 n. Chr.** Neudruck. 1946. 127 S.

Nr. 1086 **Müller, G., Deutsches Dichten und Denken vom** Mittelalter **zur Neuzeit** (1270—1700). **2. Aufl.** 1949. 159 S.

Nr. 1094 **Hernried, R., Systematische Modulation. 2. Aufl.** In Vorbereitung.

Nr. 1096 **Viëtor, K., Deutsches Dichten und Denken. Von der Aufklärung bis zum Realismus** (1700—1890). 2. Aufl. 1949. 156 S.

Nr. 1115 **Ranke, F., Altnordisches Elementarbuch.** Neudruck. 1949. 146 S.

Nr. 1116 **Meißner, P., Englische Literaturgeschichte. II.** Von der Renaissance bis zur Aufklärung. Durchgesehener Neudruck. 1944. 139 S.

Nr. 1117 **Haller, J., Der Eintritt der Germanen in die Geschichte.** Mit sechs Kartenskizzen. 2., verbess. Aufl. 1944. 119 S.

Nr. 1122 **Feist, H., Sprechen und Sprachpflege.** Mit 25 Abb 1938. 107 S.

Nr. 1124 **Meißner, P., Englische Literaturgeschichte. III.** Romantik und Victorianismus. Durchgesehener Neudruck. 1944. 150 S.

Nr. 1125 **Lehnert, M., Altenglisches Elementarbuch. 2.,** verbesserte und vermehrte Aufl. 1950. 176 S.

Nr. 1130 **Dibelius, M., Jesus.** 2. Aufl. Neudruck. 1949. 141 S.

Nr. 1135 **Lehnert, M., Beowulf.** 2., verbesserte Aufl. 1949 135 S.

Nr. 1136 **Meißner, P., Englische Literaturgeschichte. IV.** Das 20. Jahrhundert. Durchgesehener Neudruck. 1944. 157 S.

Nr. 1148 **Pepping, E., Der Polyphone Satz. I. Der cantus-firmus Satz.** 2. Aufl. 1950 224 S.

Nr. 1149 **Wiesner, J., Vor- und Frühzeit der Mittelmeerländer.** I. Das östliche Mittelmeer. Mit einer Textabb. und 7 Tafeln. 1943. 177 S.

Nr. 1150 ——, II. Das westliche Mittelmeer. Mit 3 Textabb. und 7 Tafeln. 1943. 129 S.

Nr. 1153 **Mellerowicz, K., Allgemeine Betriebswirtschaftslehre.** 2. Bd. 6. unveränderte Aufl. 1948. 123 S.

Nr. 1154 ——, 3. Bd. 6. unveränderte Aufl. 1948. 153 S.

B. Naturwissenschaften und Technik

Nr. 3 **Ende, E. vom, Die Maschinenelemente.** 2., verbesserte Aufl. Mit 175 Fig. und 12 Tafeln. 1950. In Vorbereitung.

Nr. 29 **Brauns, R., u. K. F. Chudoba, Mineralogie.** 8., neubearbeitete Aufl. Mit 125 Textfiguren und 9 Abb. auf einer Tafel. 1943. 143 S.

Nr. 37 **Klemm, W., Anorganische Chemie.** 6. Aufl. Mit 18 Abb. 1944. 184 S.

Nr. 38 **Schlenk, W., Organische Chemie.** 5. Aufl. Mit 17 Fig. 1949. 239 S.

Nr. 47 **Fischer, P. B., Arithmetik.** 2. Aufl. 1948. 152 S.

Nr. 51 **Ringleb, F., Mathematische Formelsammlung.** 5., verbesserte Aufl. Mit 57 Fig. 1949. 274 S.

Nr. 71 **Schulze, W., Allgemeine und physikalische Chemie.** I. Teil. 3., durchgesehene Aufl. Mit 22 Fig. 1949. 146 S.

Nr. 87 **Witting, A., Differentialrechnung.** 3., neubearb. Aufl. Mit 95 Fig. und 200 Beispielen. Durchgesehener Neudruck. 1949. 201 S.

Nr. 88 —, **Integralrechnung.** 2., verbesserte Aufl. Durchgesehener Neudruck. Mit 62 Fig. und 190 Beispielen. 1949. 176 S.

Nr. 136 **Mahler, G., Physikalische Formelsammlung.** 8., verbess. Aufl. 1950. 153 S. In Vorbereitung.

Nr. 142 **Haussner, R., Darstellende Geometrie.** 1. Teil: Elemente, Ebenflächige Gebilde. 6., unveränderte Aufl. Mit 110 Fig. im Text. 1947. 207 S.

Nr. 143 — —, 2. Teil: Perspektive ebener Gebilde, Kegelschnitte. 5,. unveränderte Aufl. Mit 88 Fig. im Text. 1947. 168 S.

Nr. 146 **Witting, A., Repetitorium und Aufgabensammlung zur Differentialrechnung.** 2. Aufl. Neudruck. 1949. 122 S.

Nr. 147 —, **Repetitorium und Aufgabensammlung zur Integralrechnung.** 2. Aufl. Neudruck. 1949. 121 S.

Nr. 173 **Bruhns, W., u. P. Ramdohr, Petrographie.** 3., durchgesehene Aufl. Mit 10 Figuren. 1949. 117 S.

Nr. 180 **Böhm, F., Versicherungsmathematik.** I. Elemente der Versicherungsrechnung. 2., vermehrte und verbesserte Aufl. Durchgesehener Neudruck. 1946. 151 S.

Nr. 210 **Bruhns, W., u. P. Ramdohr, Kristallographie.** 4. Aufl. In Vorbereitung.

Nr. 221 **Jander, G., u. K. F. Jahr, Maßanalyse.** Theorie und Praxis der klassischen und der elektrochemischen Titrierverfahren. Bd. I. 5. Aufl. Mit 18 Fig. 1948. 140 S.

Nr. 222 **Hassak-Beutel, Warenkunde.** 7. Aufl. Neubearb. von A. Kutzelnigg. Bd. I: Anorganische Waren sowie Kohle und Erdöl. Mit 19 Fig. 1947. 116 S.

Nr. 223 — —, Bd. II: Organische Waren. Mit 32 Fig. 1949. 143 S.

Nr. 247 **Hoppe, J., Analytische Chemie I.** Reaktionen. 5., verb. Aufl. 1950. 135 S.

Nr. 248 — —, **II.** Gang der qualitativen Analyse. 5., verbess. Aufl. 1950. 168 S.

Nr. 252 **Daßler, A., Elektrochemie I.** Mit 21 Abb. 1950. In Vorbereitung.

Nr. 253 — —, **II.** Mit 17 Abb. 1950. In Vorbereitung.

Nr. 256 **Haussner, R., Sammlung von Aufgaben und Beispielen zur analytischen Geometrie der Ebene.** Mit 22 Fig. Neudruck. 1949. 139 S.

Nr. 257 **Humburg, K., Die Gleichstrommaschine I.** Durchgesehener Neudruck. Mit 59 Abb. 1949. 102 S.

Nr. 342 **Körting, J., u. W. Körting, Heizung und Lüftung. I.** Das Wesen u. die Berechnung der Heizungs- u. Lüftungsanlagen. 8., verbess. Aufl. Mit 29 Abb. u. 14 Zahlentafeln. 1950. In Vorbereitung.

Nr. 343 — —, **II.** Die Ausführung der Heizungs- u. Lüftungsanlagen. 7. neubearb. Aufl. Mit 141 Abb. u. 8 Zahlentafeln. 1944. 126 S.

Nr. 354 **Valentiner, S., Vektoranalysis.** 7., wesentl. veränderte Aufl. Mit 19 Fig. 1950. In Vorbereitung.

Nr. 389 **Diels, L., Pflanzengeographie.** 4., verb. Aufl. Mit 1 Karte. 1945. 167 S.

Nr. 405 **Werkmeister, P., Praktisches Zahlenrechnen.** 4. Aufl. Mit 60 Fig. 1950. 136 S. In Vorbereitung.

Nr. 423 **Adler, A., Fünfstellige Logarithmen.** Mit mehreren graphischen Rechentafeln und häufig vorkommenden Zahlwerten. 2. Aufl. Neudruck. 1 Tafel. 1949. 127 S.

Nr. 432 **Borchers, H., Metallkunde.** I. Aufbau der Metalle und Legierungen. Mit 2 Tab. und 90 Abb. 2. Aufl. 1950. 110 S.

Nr. 445 **Asmus, E., Physikalisch-Chemische Rechenaufgaben.** 2. Aufl. 1949. 96 S.

Nr. 468 **Werkmeister, P., Vermessungskunde. I.** Stückmessung u. Nivellieren. 9. Aufl. Mit 145 Figuren. 1949. 172 S.

Nr. 469 — —, II. Messung von Horizontalwinkeln. Festlegung von Punkten im Koordinatensystem. Absteckungen. 7. Aufl. Mit 63 Fig. 1949. 151 S.

Nr. 483 **Henglein, M., Lötrohrprobierkunde.** Mineraldiagnose mit Lötrohr und Tüpfelreaktion. 3., verb. Aufl. Mit 11 Fig. 1949. 91 S.

Nr. 585 **Dehnert, H., Verkehrswasserbau I:** Entwurfsgrundlagen. Flußregelungen. Mit 52 Textabb. 1950. 102 S.

Nr. 589 **Tochtermann, W., Das Maschinenzeichnen mit Einführung in das Konstruieren.** I: Das Maschinenzeichnen. 4. Aufl. Mit 77 Tafeln. 1950. 156 S. In Vorbereitung.

Nr. 590 ——, II: Ausgeführte Konstruktionsbeispiele. 4. Aufl. Mit 58 Tafeln. 1950. 130 S. In Vorbereitung.

Nr. 597 **Dehnert, H., Verkehrswasserbau II:** Flußkanalisierungen u. Schiffahrtskanäle. Mit 60 Textabb. 1950. 92 S.

Nr. 668 **Knopp, K., Funktionentheorie I:** Grundlagen der allgemeinen Theorie der analytischen Funktionen. Mit 8 Fig. 7. Aufl. 1949. 139 S.

Nr. 691 **Fauser, O., Kulturtechnische Bodenverbesserungen.** I.: Allgemeines, Entwässerung. 4., neubearbeitete Aufl. 1947. 122 S.

Nr. 692 — —, II.: Bewässerung, Ödlandkultur, Umlegung. 4., neubearb. Aufl. 1948. 150 S.

Nr. 698 **Schulze, W., Allgemeine und physikalische Chemie.** II. Teil. 3., durchges. Aufl. Mit 36 Fig. 1949. 160 S.

Nr. 703 **Knopp, K., Funktionentheorie II.** Anwendungen und Weiterführung der allgemeinen Theorie. Mit 7 Fig. 7. Aufl. 1949. 130 S.

Nr. 711 **Kesselring, F., Theoretische Grundlagen zur Berechnung der Schaltgeräte.** 3. Aufl. Mit 92 Abb. 1950. 143 S. In Vorbereitung.

Nr. 718 **Neger, W. u. E. Münch, Die Laubhölzer.** 3., durchges. Aufl., herausgegeben von B. Huber. Mit 63 Fig. u. 7 Tab. 1950. 142 S. In Vorbereitung.

Nr. 768 **Bieberbach, L., Einführung in die konforme Abbildung.** 4. Aufl. Mit 42 Zeichnungen. 1949. 147 S.

Nr. 837 **Baumgartner, L., Gruppentheorie.** 2. Aufl. Mit 6 Fig. 1949. 115 S.

Nr. 862 **Werkmeister, P., Vermessungskunde.** III. Trigonometrische und barometrische öhenmessung. Tachymetrie und Topographie. 6. Aufl. Mit 64 Fig. 1949. 147 S.

Nr. 877 **Knopp, K., Aufgabensammlung zur Funktionentheorie.** I. Aufgaben zur elementaren Funktionentheorie. 4. Aufl. 1949. 135 S.

Nr. 878 — —, II. Aufgaben zur höheren Funktionentheorie. 4. Aufl. 1949. 151 S.

Nr. 881 **Humburg, K., Die Gleichstrommaschine II.** Mit 38 Abb. Durchgesehener Neudruck. 1949. 98 S.

Nr. 931 **Hasse, H., Höhere Algebra I.** Lineare Gleichungen. 3. Aufl. 1950. 160 S. In Vorbereitung.

Nr. 932 — —, II. Gleichungen höheren Grades. 3. Aufl. Mit 5 Fig. 1950. 158 S. In Vorbereitung.

Nr. 952 **Schäfer, W., Transformatoren.** 2. Aufl. Mit 74 Abb. 1949. 123 S.

Nr. 972 **Herter, K., Vergleichende Physiologie der Tiere I:** Stoff- und Energiewechsel. 3. Aufl. Mit 64 Abb. 1950. 155 S.

Nr. 973 — —, II.: Bewegung und Reizerscheinungen. 3. Aufl. Mit 110 Abb. 1950. 148 S.

Nr. 984 **Graf, O., Die wichtigsten Baustoffe des Hoch- u. Tiefbaues.** 3., verb. Aufl. Mit 58 Abb. 1947. 126 S.

Nr. 999 **Kamke, E., Mengenlehre.** 2., durchges. Aufl. Mit 6 Fig. 1947. 160 S.

Nr. 1002 **Jander, G., u d K. F. Jahr, Maßanalyse.** Theorie und Praxis der klassischen und der elektrochemischen Titrierverfahren. Band 2. 5. Aufl. Mit 24 Fig. 1948. 139 S.

Nr. 1057 **Roth, W. A., Thermochemie.** 2., verbess. Aufl. 1947. 109 S.

Nr. 1070 **Sauter, F., Differentialgleichungen der Physik.** 2. Aufl. Mit 16 Fig. 1950. 148 S.

Nr. 1082 **Hasse, H., Aufgabensammlung zur höheren Algebra.** 2. Aufl. 1950. In Vorbereitung.

Nr. 1084 **Nußelt, W., Technische Thermodynamik.** I.: Grundlagen. 3., verbess. Aufl. Mit 71 Abb. 1950. 144 S. In Vorbereitung.

Nr. 1092 **Wickop, W., Fenster, Türen, Tore aus Holz und Eisen.** 3., überarbeitete und ergänzte Aufl. Mit 96 Abb. 1949. 154 S.

Nr. 1109 **Knopp, K., Elemente der Funktionentheorie.** 3. Aufl. Mit 23 Fig. 1949. 144 S.

Nr. 1110 **Schulz, G., Formelsammlung zur praktischen Mathematik.** Durchgesehener Neudruck. Mit 10 Abb. 1945. 147 S.

Nr. 1127 **Hartmann, M., Geschlecht und Geschlechtsbestimmung im Tier- und Pflanzenreich.** 2. Aufl. Mit 62 Abb. 1950. In Vorbereitung.

Nr. 1128 **Buchner, P., Symbiose der Tiere mit pflanzlichen Mikroorganismen.** 2., verb. u. vermehrte Aufl. Mit 121 Abb. 1949. 130 S.

Nr. 1131 **Scholz, A., Einführung in die Zahlentheorie.** Neudruck. 1945. 136 S.

Nr. 1132 **Frühauf, G., Überspannungen und Überspannungsschutz.** Neudruck. Mit 98 Abb. 1950. 122 S.

Nr. 1134 **Kuckuck, H., Pflanzenzüchtung.** 2., durchges. Aufl. Mit 12 Abb. 1944. 125 S.

Nr. 1137 **Heil, H., Entwicklungsgeschichte des Pflanzenreiches.** 2. Aufl. Mit 94 Abb. 1950. In Vorbereitung.

Nr. 1138 **Hämmerling, J., Fortpflanzung im Tier- und Pflanzenreich.** 2., ergänzte Aufl. Mit 101 Abb. 1950. 135 S. In Vorbereitung.

Nr. 1141 **Koller, G., Hormone.** 2. Aufl. Mit 60 Abb. u. 19 Tab. 1949. 187 S.

Nr. 1146 **Humburg, K., Die synchrone Maschine.** Mit 79 Bildern. 1949. 109 S.

Nr. 1151 **Nußelt, W., Technische Thermodynamik.** II.: Theorie der Wärmekraftmaschinen. Neudruck. Mit 87 Abb. u. 32 Zahlentafeln. 1950. 144 S. In Vorbereitung.

Nr. 1152 **Dehnert, H., Verkehrswasserbau III:** Schleusen und Hebewerke. Mit 70 Textabb. 1950. 98 S.

Nr. 1155 **Schwartz, W., Grundriß der allgemeinen Mikrobiologie.** Band I. Mit 17 Abb. 1949. 104 S.

Nr. 1156 **Meinke, H.-H., Die komplexe Berechnung von Wechselstromschaltungen.** Mit 114 Abb. 1949. 160 S.

Nr. 1157 **Schwartz, W., Grundriß der allgemeinen Mikrobiologie.** Band II. Mit 12 Abb. 1949. 93 S.

Walter de Gruyter & Co., Berlin W 35

(386) MDV, Druckerei Luckenwalde 121. 120 000. 3. 50.

FSC
www.fsc.org
MIX
Papier | Fördert
gute Waldnutzung
FSC® C083411

Kolibri 360 GmbH
Ferdinand-Jühlke-Straße 7
99095 Erfurt, Deutschland
produktsicherheit@kolibri360.de